Industrial design
creative hand-drawn

设计专业考研手绘丛书

工业设计考研手绘

绘江南设计教育
伏涛 刘宇轩 编著

中国建筑工业出版社

图书在版编目（CIP）数据

工业设计考研手绘 / 绘江南设计教育, 伏涛, 刘宇轩编著. — 北京 : 中国建筑工业出版社, 2023.9

（设计专业考研手绘丛书）

ISBN 978-7-112-28996-7

Ⅰ. ①工… Ⅱ. ①绘… ②伏… ③刘… Ⅲ. ①工业设计—绘画技法—研究生—入学考试—自学参考资料 Ⅳ. ①TB47

中国国家版本馆CIP数据核字(2023)第143009号

责任编辑：吴绫 杨晓
责任校对：张颖
校对整理：赵菲
版式制作：张琦

设计专业考研手绘丛书

工业设计考研手绘

绘江南设计教育
伏涛 刘宇轩 编著

*

中国建筑工业出版社 出版、发行（北京海淀三里河路9号）
各地新华书店、建筑书店经销
临西县阅读时光印刷有限公司印刷

*

开本：850 毫米 ×1168 毫米 1/16 印张：12 字数：195 千字
2023 年 9 月第一版 2023 年 9 月第一次印刷
定价：**88.00** 元
ISBN 978-7-112-28996-7
(41680)

前 言

在如今技术飞速发展的时代，手绘依旧保持着它的重要性。手绘与我们的现代生活密不可分，手绘的形式分门别类，各具专业性，手绘设计的学习是一个贯穿职业生涯的过程。而在产品设计领域，设计师具有良好的表达创意的手绘能力更是与客户有效交流的重要技能，设计师利用手绘可以非常有效地提升创新阶段的思维进程。

本书是一本针对工业设计、产品设计考研快题手绘进行系统介绍的工具类书籍，我们希望借助它可以帮助想了解、想学、想考工业设计专业的同学们，帮助他们了解什么是工业设计手绘的同时能够制定出更为科学和适合自己的学习计划。

从内容上来说，首先，本书邀请了多位成功“上岸”的学子，讲述他们的考研心得和体会，给后续的学生带来一定的借鉴与鼓励。接着解答了部分学生对于考研手绘最关心的问题以及提供相关重点工业设计专业的院校分析和选择方向。其次，按照手绘的学习顺序从基础到进阶再到高级，不同的阶段有不同的学习内容，满足每一个不同水平同学的需求。同时，本书还涵盖了大量临摹的素材以及高分试卷，以供大家参考。

从适用对象上来说，本书主要针对的人群是准备参加工业设计专业研究生入学考试的考生，同时书中的内容也可以给很多非工业设计专业的考研人士提供大量具有参考价值的知识、理论和方法，同样本书也适用于已经工作但是希望手绘水平有所提高的设计爱好者们。

本书汇集在工业设计领域教学多年的团队归纳总结出的知识点，通过系统介绍指导学子如何准备工业设计考研快题，希望可以对广大学子有所帮助。最后，衷心祝福各位学子能在研究生入学考试中取得优秀的成绩并能考上理想的院校。

目 录

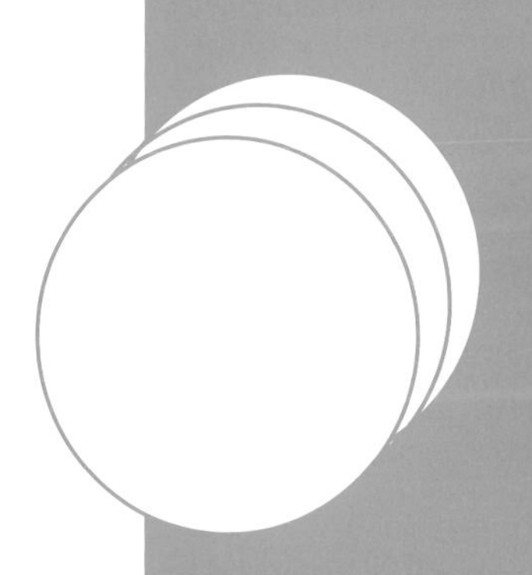

考研导航

如何择校

首先，根据考研的目的选择学校。明确自己是要选择好学校，还是选择好专业。好学校可以选择综合类大学（985、211 之类），好专业可以选择设计专业比较出名的高校或者美术学院。

其次，可以通过以下几个方面选择学校：

1. 根据自身能力选择学校。每一所学校的招生名额有限，选择与自己能力相匹配的学校。
2. 根据地域选择学校。设计类专业建议选择北京、上海、广州、江苏、浙江等经济较为发达的省市，或者结合自己以后想要发展的城市去选择学校。
3. 根据学校资源选择学校。每个学校都有自己重点发展的专业，都有不同区域的出国交换的机会，以及各专业下细分的工作室、设计论坛、workshop 等资源。
4. 根据知名导师选择学校。在研究生期间，导师是很重要的，可选择有名师任教的学校。

考哪一所学校

1. 北京

A. 综合类 985/211：北京大学、中国人民大学 、清华大学、 北京航空航天大学、 北京理工大学 、中国农业大学、 北京师范大学、中央民族大学、北京交通大学、北京工业大学、北京科技大学、北京化工大学、北京邮电大学、北京林业大学、北京中医药大学、 北京外国语大学、对外经济贸易大学、中央音乐学院、中央财经大学、北京体育大学、中国政法大学、中国传媒大学

B. 设计类 / 美院：中央美术学院、清华大学、中央民族大学、北京服装学院、北京印刷学院、北京电影学院

2. 天津

A. 综合类 985/211：天津大学、南开大学、天津医科大学

B. 设计类 / 美院：天津美术学院

3. 上海

A. 综合类 985/211：复旦大学、上海交通大学、华东师范大学、同济大学、华东理工大学、东华大学、上海外国语大学、上海财经大学、上海大学

B. 设计类 / 美院：同济大学、东华大学、上海交通大学、上海大学、华东理工大学

4. 河北

A. 综合类 211：河北工业大学

5. 山西

A. 综合类 211：太原理工大学

6. 内蒙古

A. 综合类 211：内蒙古大学

7. 辽宁

A. 综合类 985/211：大连理工大学、东北大学、辽宁大学、大连海事大学

B. 设计类 / 美院：鲁迅美术学院

8. 吉林

A. 综合类 985/211：吉林大学、东北师范大学、延边大学

9. 黑龙江

A. 综合类 985/211：哈尔滨工业大学、哈尔滨工程大学、东北农业大学、东北林业大学

10. 江苏

A. 综合类 985/211：南京大学、东南大学、中国矿业大学、 河海大学、 江南大学、 南京农业大学、中国药科大学、南京航空航天大学、南京理工大学、苏州大学、南京师范大学

B. 设计类 / 美院：江南大学、苏州大学、南京艺术学院

11. 浙江

A. 综合类 985/211：浙江大学

B. 设计类 / 美院：中国美术学院、浙江理工大学

12. 安徽

A. 综合类 985/211：中国科技大学、合肥工业大学、安徽大学

13. 山东

A. 综合类 985/211：中国海洋大学、山东大学、中国石油大学

B. 设计类 / 美院：山东工艺美术学院

14. 福建

A. 综合类 985/211：厦门大学、福州大学

15. 河南

A. 综合类 211：郑州大学

16. 湖北

A. 综合类 985/211：武汉大学、华中科技大学、中国地质大学、武汉理工大学、华中师范大学、华中农业大学、中南财经政法大学

B. 设计类 / 美院：湖北美术学院、湖北工业大学、武汉纺织大学、中南民族大学、武汉理工大学

17. 湖南

A. 综合类 985/211：中南大学、湖南大学、国防科技大学、湖南师范大学

B. 设计类 / 美院：湖南大学

18. 江西

A. 综合类 211：南昌大学

B. 设计类 / 美院：景德镇陶瓷大学

19. 重庆

A. 综合类 985/211：重庆大学、西南大学

B. 设计类 / 美院：四川美术学院

20. 四川

A. 综合类 985/211：四川大学、电子科技大学、西南交通大学 、西南财经大学、四川农业大学

21. 贵州

A. 综合类 211：贵州大学

22. 广东

A. 综合类 985/211：中山大学、华南理工大学、暨南大学、华南师范大学

B. 设计类 / 美院：汕头大学、深圳大学、广州美术学院

23. 云南

A. 综合类 211：云南大学

B. 设计类 / 美院：云南艺术学院

24. 西藏

A. 综合类 211：西藏大学

25. 陕西

A. 综合类 985/211：西安交通大学、西北工业大学、西北农林科技

大学、陕西师范大学、长安大学、西北大学、西安电子科技大学、解放军第四军医大学

B. 设计类 / 美院：西安美术学院、西安建筑科技大学

26. 甘肃

A. 综合类 985/211：兰州大学

27. 广西

A. 综合类 211：广西大学

B. 设计类 / 美院：广西艺术学院

28. 青海

A. 综合类 211：青海大学

29. 宁夏

A. 综合类 211：宁夏大学

30. 新疆

A. 综合类 211：新疆大学、石河子大学

31. 海南

A. 综合类 211：海南大学

少数民族骨干计划

少数民族高层次骨干人才计划，简称“少数民族骨干计划”，培养学校为 211 以上重点大学，生源为西部省市地区。毕业生一律按定向培养和就业协议到定向地区和单位就业，硕士服务期限为 5 年，博士为 8 年。少数民族骨干计划为国家定向培养全日制专项招生计划，在招生单位研究生招生总规模之外单列。教育部将招生总人数分到各个招生单位，招生单位结合少数民族地区对人才的实际需求，自行制定在不同地区的招生人数。例如，教育部给北京大学 40 个名额之后，北京大学会再分给各个地区，比如内蒙古招收 5 个、贵州招收 4 个、宁夏招收 2 个…… 考生可以在欲报考的院校官网上查询该校的招生简章，了解具体的招生计划。

设计类考研考什么

考研科目分为公共课和专业课两部分。其中，公共课包括政治、外

语。专业课一般包括设计理论与设计手绘，由各个学校自主命题，部分院校专业课考试相对特殊（如深圳大学专硕考两门设计手绘）。具体考试科目以目标院校的考纲为准。

1. 政治

政治题型有单选题、多选题与分析题。考试书目及所占试卷比例如下：马克思主义基本原理约 24%，毛泽东思想和中国特色社会主义理论体系概论约 30%，中国近现代史纲要约 14%，思想道德修养与法律基础约 16%，形势与政策以及当代世界经济与政治约 16%。

2. 外语

英语题型主要有完形填空、阅读理解、翻译、新题型与写作，初试无听力。外语不一定只有英语，根据学校不同，可以在网上报名的时候选择自己要考的语种，一般有英语、法语、俄语和日语。但是目前大多数考生都是选择考英语。

3. 专业一（设计理论）

各个院校的理论参考书目不尽相同，大致可分为史论类（设计史 / 美术史）、概论类（设计概论 / 艺术概论）。具体参考书目以目标院校的考纲为准。按照教育部新政策的要求，部分院校开始积极响应，考试大纲已经不再推荐参考书目，考试的题目变得比较灵活，将选择题和填空题改为主观题，考试时间一般为 3 小时。

4. 专业二（设计手绘）

不同的设计专业要求以各自的专业形式命题。设计专业包括交互设计、工业设计（产品设计）、环境设计（室内设计、景观设计）、视觉传达设计、纺织服装设计、数字媒体设计、公共艺术和美术学等。考试时间为 3~6 小时不等，纸张尺寸为 A4~A1 不等。考试纸张常见为绘图纸、卡纸、素描纸、水粉纸、硫酸纸等。具体的专业要求以目标院校的考纲为准。

08 什么时候备考合适

学习宜早不宜迟。大部分考生会从大三开始准备，小部分跨专业的考生从大一、大二开始准备，当然越早准备越容易准备得充分一些。本专业考生建议科目备考顺序为英语、设计理论、设计手绘和政治。跨专业考生建议科目备考顺序为设计理论、设计手绘、英语和政治。

考研预报名时间为每年 9 月下旬；网上报名时间为每年 10 月中下旬；现场确认时间为每年 11 月中旬左右；初试时间为每年 12 月中下旬；复试时间为次年 3 月左右（具体时间以目标院校官网为准）。

想成为什么类型的硕士

1. 学术硕士与专业硕士

二者都是硕士培养的类型。学术硕士：学术型研究生教育以培养教学和科研人才为主，授予学位的类型主要是学术型学位；专业硕士：专业学位教育旨在针对一定的职业背景，培养高层次、应用型人才。简单地说，研究生毕业后，如果你打算从事教育相关行业，并且想继续深造（读博），建议考学术硕士；如果你直接参加工作，那么专业硕士和学术硕士区别不大，企业看中的是你的简历、作品集和你的能力。另外，考试科目略有不同：学术硕士考英语 1，专业硕士考英语 2。一般来说英语 2 比英语 1 简单一些。复试的科目也会有所区别，有的学术硕士复试考设计评论，有的专业硕士复试考手绘，具体情况要根据每一个院校的规定来明确自己的复习计划。

2. 全日制专业硕士与非全日制专业硕士

专业硕士包括两种，一种是全日制专业硕士，一种是非全日制专业硕士。全日制专业硕士目的是培养经济社会发展急需的应用型人才，按照“全面、协调、可持续”的要求，实现研究生教育的分类培养，结构优化；运用“统筹兼顾”的方法，实现应用型与学术型高层次人才培养的共同发展。非全日制研究生指符合国家研究生招生规定，通过研究生入学考试或者国家承认的其他入学方式，被具有实施研究生教育资格的高等学校或其他高等教育机构录取，在基本修业年限或者学校规定的修业年限内，在从事其他职业或者社会实践的同时，采取多种方式和灵活时间安排进行非脱产学习的研究生。全日制和非全日制研究生实行相同的考试招生政策和培养标准，其学历、学位证书具有同等法律地位和相同效力。

本书的整理和写作，是编者基于现代工业设计、产品设计和交互设计考研手绘的现状，以及在设计考研人数不断增长的趋势下，针对如何将手绘与快题、快题与设计、考研手绘与工业设计相结合的研究，结合自身的认识和感受并通过具体的教学实践完成的。按照产品手绘学习的顺序以图解步骤为主，一目了然地从初级到进阶再到高阶的快题学习方式，包含了快题设计中所需要的标题、发现问题、分析问题、解决问题、产品效果图、使用情境图、设计说明以及三视图等内容，给读者一个更全面和直观的考研手绘解析。其涵盖范围相对全面，手绘方法具体翔实，得益于绘江南教学团队多年来一线教学经验的积累与完善。

本书的付诸出版，得到了中国建筑工业出版社的大力支持和帮助。同时，历届绘江南学员为本书提供了诸多优秀的作业范例，对此表示感谢。限于编者的经验和水平，书中难免有疏漏与不足之处，恳请有关专家、同行批评指正。

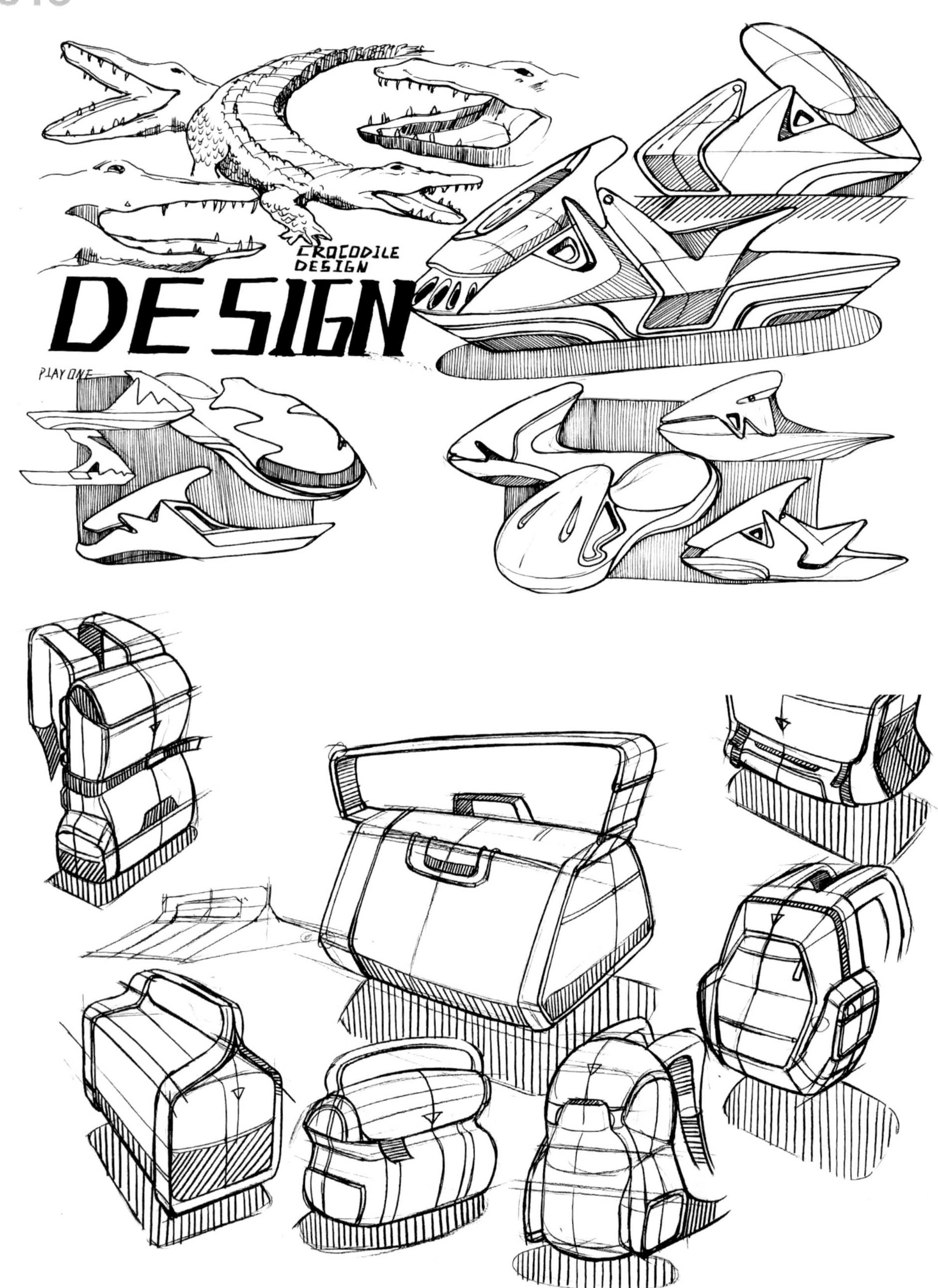
CROCODILE
DESIGN
DESIGN
PLAY ONE

第 1 章　工业设计考研手绘概述

1.1 工业设计手绘常用工具

1.2 怎样画好线条

1.3 马克笔的运用及评判标准

1.4 产品透视很重要

1.5 明暗关系同样重要

1.6 工业设计手绘考试的考察点

1.7 快题训练时间规划建议

1.1 工业设计手绘常用工具

在开始学习工业设计考研手绘之前，我们先来了解常用的手绘工具。

399\499黑色彩铅

工业设计手绘线稿通常有两种可选的工具：彩铅和针管笔。彩铅的特性是线条效果流畅，表达层次丰富，且可以反复修改；缺点是容易弄脏画面。一般选用水溶性彩铅，这样马克笔上色的时候会比较方便；如果选择油性彩铅就要先画完马克笔再画轮廓，以免油性彩铅的大颗粒堵塞马克笔出水孔，造成画面的混乱。

针管笔

针管笔是绘制图纸的基本工具之一，能绘制出均匀一致的线条。笔身与钢笔类似，笔头是长约2cm的中空钢制圆管，里面藏着一条活动细钢针，上下摆动针管笔，能及时清除堵塞笔头的纸纤维。买的时候每支笔都要检查一下，具体操作：上下摆动针管笔，观察笔头细钢针的活动是否灵活，且长度应稍长于笔头，便于以后使用； 打开笔套，观察吸囊的完整性及灵活性是否正常。

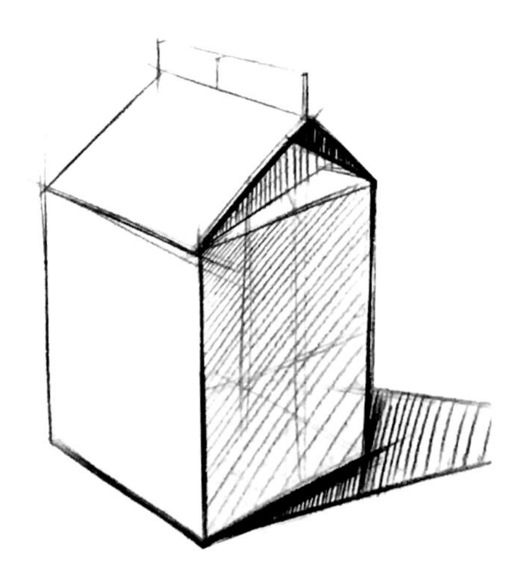

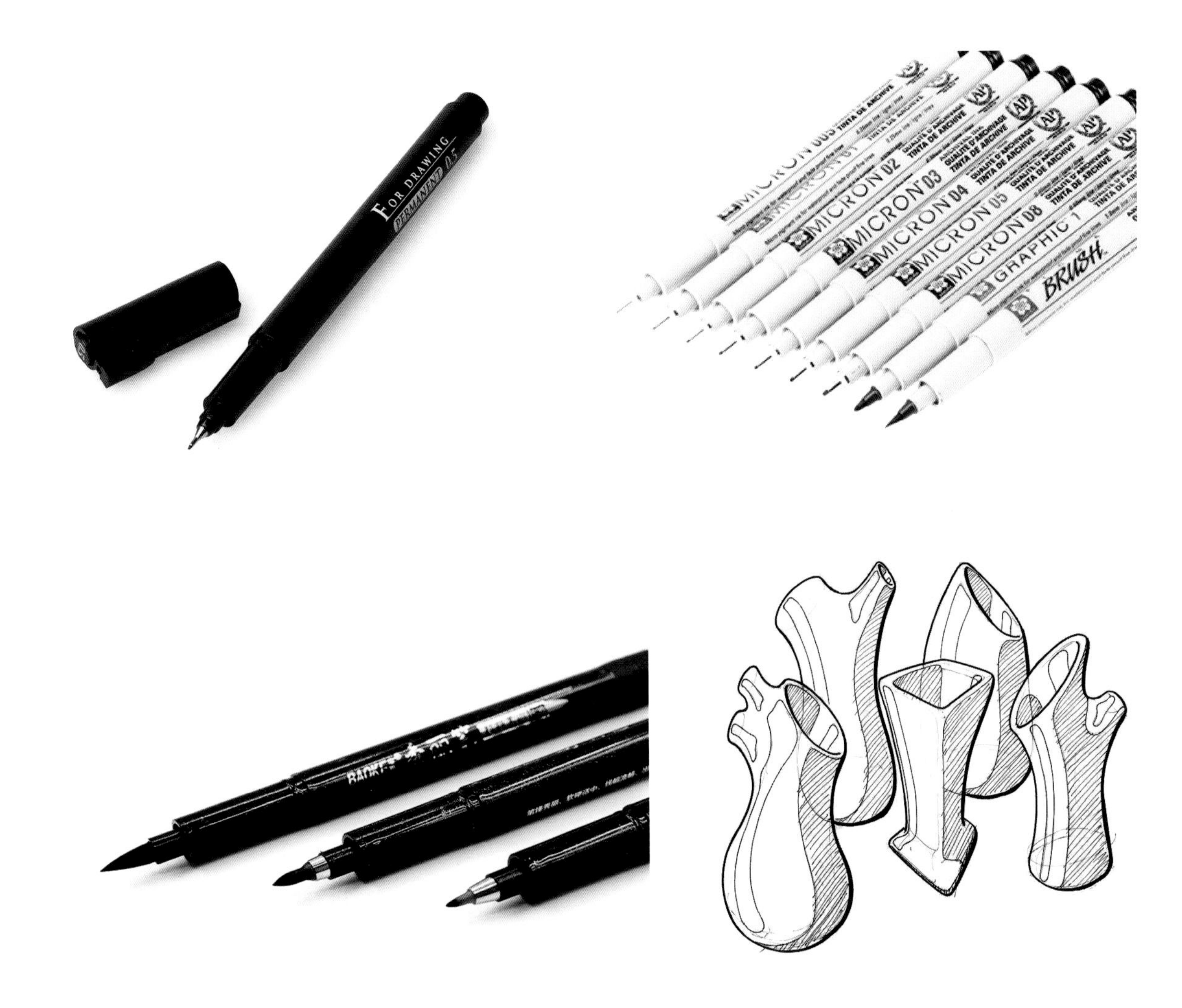

马克笔

马克笔常用于快速手绘表达的上色。马克笔也分为油性马克笔和酒精性马克笔。两种马克笔特性不一样，我们常用的是酒精性马克笔，此类马克笔挥发快，笔触明显。

我们在选择马克笔时最好使用相同品牌的马克笔，因为不同品牌的马克笔颜色会有差异，所以推荐大家使用同一品牌的马克笔进行练习，方便共享色号的同时，能与画面其他颜色更好地融合。

我们在购买马克笔的时候最好分色系来选择具体的色号，每个色系用于亮、灰、暗的马克笔色阶变化要适当，每一种色号的笔最少三支，以此来构建对应的明、暗、灰等不同层次的效果。

圆板尺

圆板尺是一种方便大家画圆形产品的辅助工具，用来绘制一些特定大小的圆形或者椭圆形，一般用于画产品的细节，比如按钮的轮廓。

直尺

一般用于收尾工作，最后加深轮廓线的时候使用。
以上只是考研手绘一些常用常见的工具，除此之外画手绘还有很多其他工具可以使用，比如色粉，椭圆尺、蛇形尺等各种尺子；另一类是作为后期深入表现的上色与渲染效果工具，如秀丽笔（大楷、中楷、小楷）、马克笔、彩色针管笔、彩色铅笔、高光笔等。
工欲善其事，必先利其器。选择自己熟悉、合适自己的工具是画好手绘的基础。

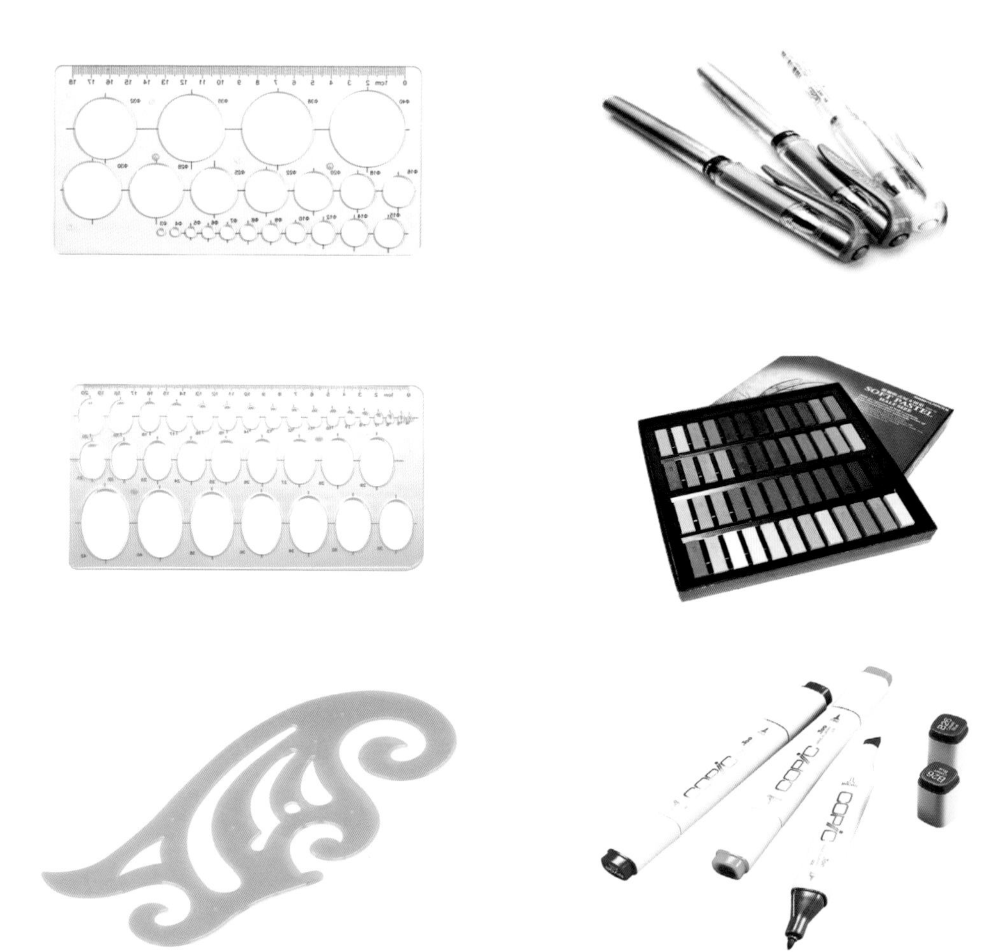

1.2 怎样画好线条

1. 运笔遵循“从左到右，从上到下”的原则。斜线、弧线的画法都应遵从这一原则。

2. 运笔要快速、准确，不得拖沓，否则画出来的线条硬度不足。

3. 彩铅的线条两头轻中间重，讲求流畅，有节奏变化。这种线条也会让画面显得更加有灵活性，线条更加有力度，不像用直线描出来的没有“生命力”的死线。

练习方法

1. 横线：通过不断在两条线之间加入线条来练习手头控制能力和平衡的能力。或者通过两点之间连线的方式进行练习，在 A3 纸上进行长短距离不限定的直线练习。

2. 竖线：和横线练习方式大致相同，通过改变手腕姿势来改变线条的方向，以此练习不同角度的线条。竖线在平时生活中遇到的概率较少，因此在练习时需要着重注意手腕对笔的控制。

3. 斜线：通过画方形对角线来练习。或者尝试用自己顺手的角度在纸张的对角线方向进行练习，拉长所练线条的长度。

4. 弧线：确定两点，运笔连接这两点。注意线条虚实轻重变化和准确度，锻炼手头细微的控制能力。

5. 椭圆练习方法：在折叠的平行四边形上取四边中点进行弧线连线就是椭圆练习最常用的方法，随着四边形的变化，椭圆也随之变化。

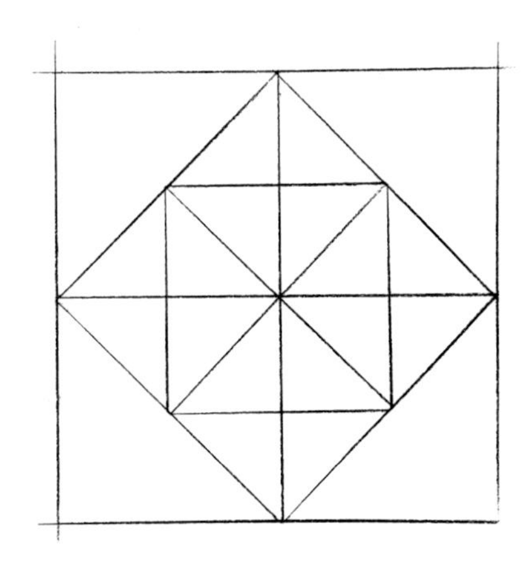

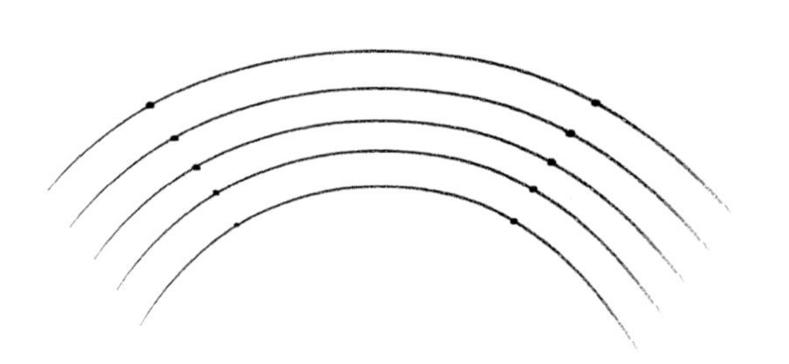

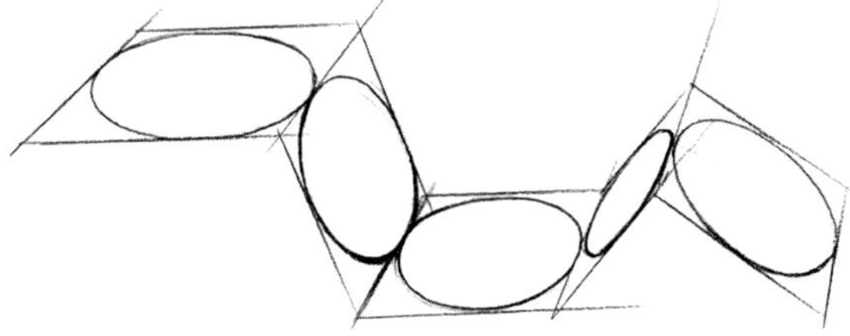

针管笔线条

在使用针管笔进行线稿绘制时，首先要进行线条的训练。要点：保持线条受力均匀，两端干脆果断。不能有所犹豫地抖线或者反复描摹。

针管笔线条训练方法列举

1. 上下左右：将线条进行四个不同方向的练习，同时对手腕和手臂进行发力。
2. 框定长度：在距离限制的范围内进行两点连线式线条练习。
3. 射线式：以一个点为中心，向四周发散线条，尤其注意不顺手的线条练习角度，提高手对笔的控制感。
4. 边边对齐：在经历了以上练习之后，控制线条的长度和宽度并进行点点连接，形成规则图形，进行练习。

针管笔练习要点

首先，学会控笔，主动去控制笔的走向和起始位置，而不是受笔控制，其次，练习时勇敢拉线，越小心，线条越拘谨，画错之后不需要修改，重新练习即可。

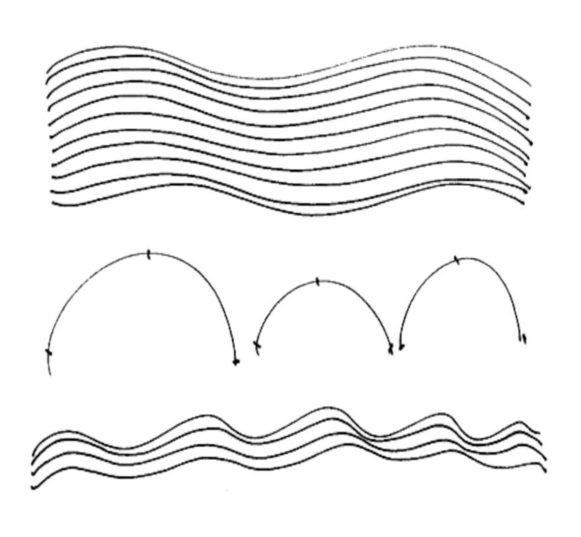

1.3 马克笔的运用及评判标准

马克笔用得最频繁的是宽笔头。一支宽笔头，由于握笔方向的变化，至少也能画出四种不同的线条，要在画产品效果图的过程中灵活运用。

马克笔的几种运笔方法：排线、扫笔、晕染，根据表达的材质和形态的特性选择合适的运笔方法。

笔触

很多刚接触马克笔的同学觉得效果很难把握，其实是线条的质量直接影响了马克笔的表达。用好马克笔，最重要的是解决用笔笔触。在表达大部分材质的时候，特别是金属、塑料等，笔触要明显，不必苛求完美的过渡效果，以免适得其反。

运笔走向

马克笔上色时，笔触方向要依附于形体，顺着形体的转折运笔，也就是根据我们所学过的结构线方向进行上色。

明暗

马克笔上色不仅仅是涂颜色而已，最重要的是把光影关系表达明确。三个最基本的亮、灰、暗层次是必不可少的，如果要表达得更细致，明暗层次可以画得更加丰富一些。

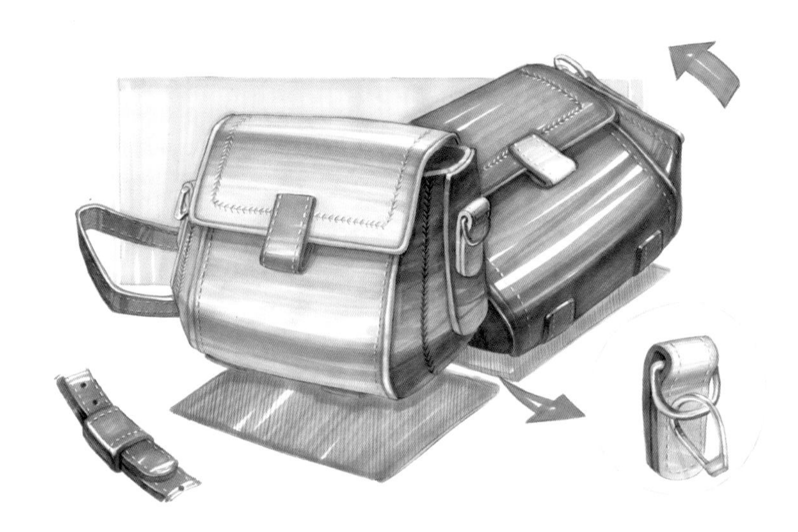

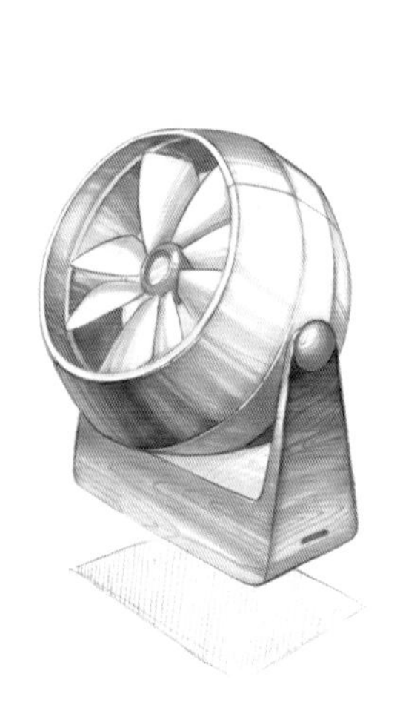

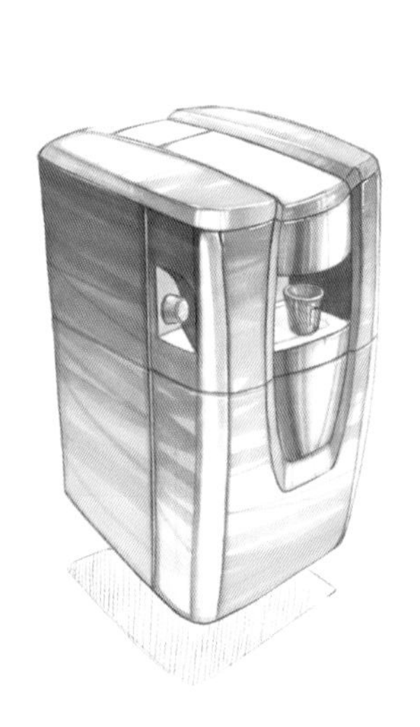

1.4 产品透视很重要

可以说在产品设计手绘中，最重要、最基础的就是产品的透视关系，如果透视关系画得不准确，其他一切都无法进行下去。产品设计中用到的透视关系有以下三种。

一点透视

产品轮廓的延长线最终会相交于一点，有且只有一个消失点，用于绘制产品的正侧图。

两点透视

产品的轮廓延长线分别相交于两点，有两个消失点，两个消失点都在视平线上。产品纵向的轮廓线是平行的。如果产品透视画不准，可以检查两个消失点是否在同一条线上。

三点透视

产品的轮廓延长线分别相交于三点，有三个消失点，产品纵向的轮廓线不平行且相交于一点。三点透视是绘制产品用的最多的一个透视关系，但是一般纵向的透视角度比较小，画体量特别大的物体除外，如建筑。

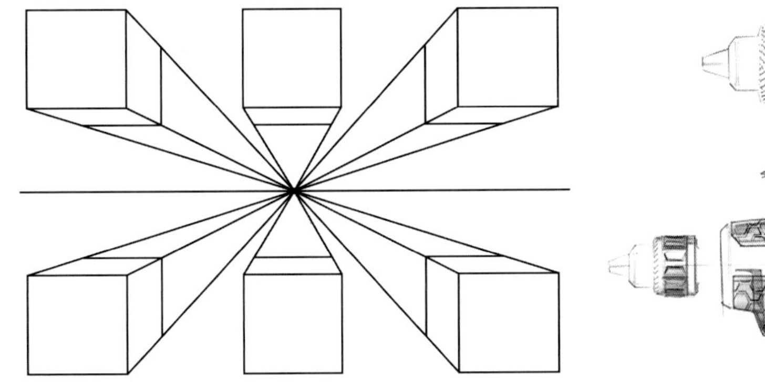

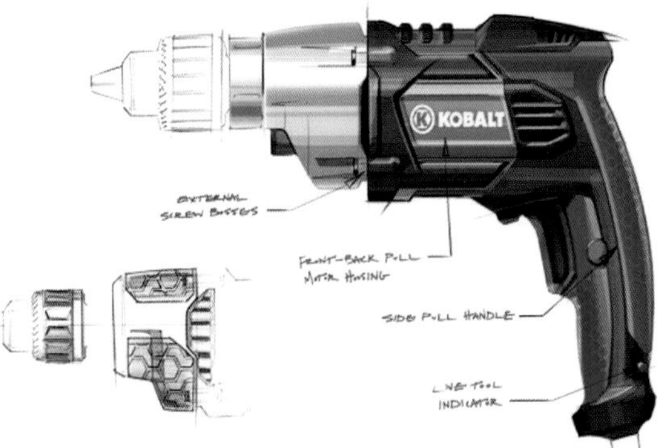

透视的练习方法可以画简单的几何体和几何体的变化叠加，如纸盒、九宫格、牛奶盒子等形体。

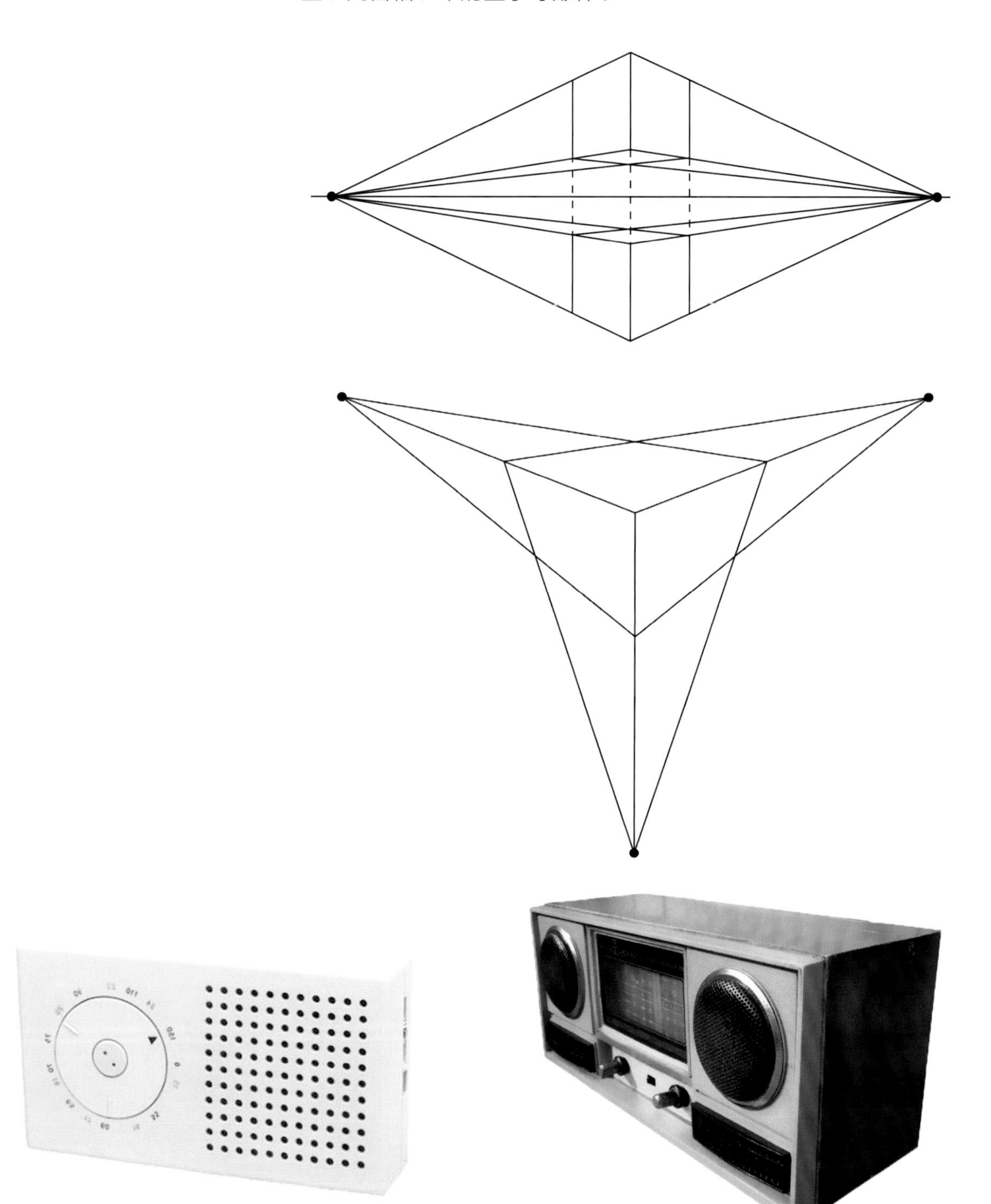

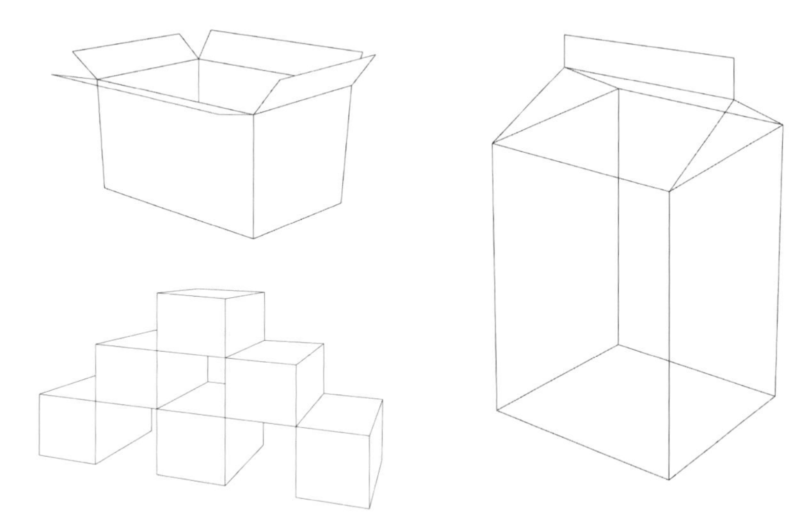

1.5 明暗关系同样重要

在以排线为主要表现手段的基础上，施以明暗变化，强调突出物象的光照效果，通过加深明暗交界线，结合后续提及的结构线表明物体形体的凹凸变化。

明暗交界线

明暗交界线是素描中灰面和暗面的交界部分。虽然称为“线”但其实它是一个面，由于受光而在物体转折处产生，宽窄根据光亮程度和物体形状而不同。

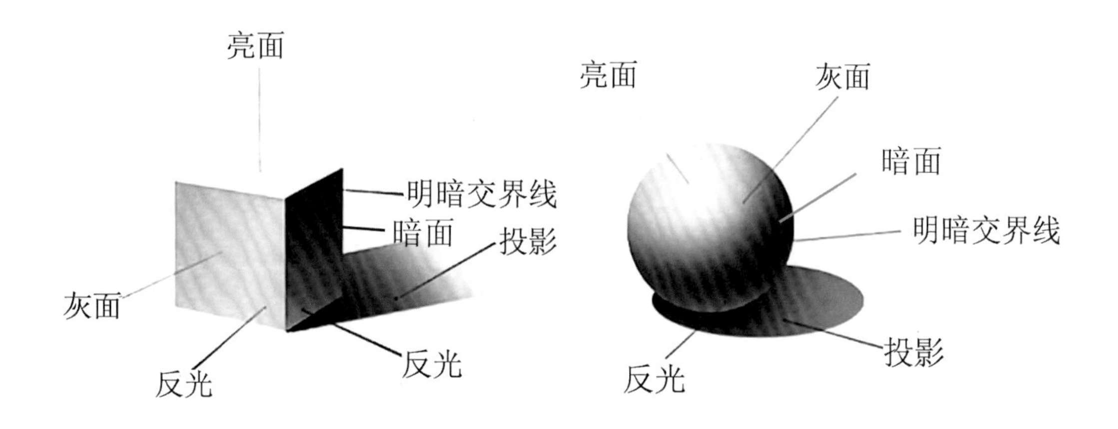

结构线

结构线，特点是以线条为主要表现手段，不施明暗，没有光影变化，而强调突出物象的结构特征。它除了画出看得见的外观物象，还画出了看不见的内在连贯结构，以及看不见的外部轮廓。结构线有实有虚，在画面中既可以表现物体的形状变化趋势，也能对后续如何找准明暗交界线的位置以及马克笔的上色笔触方向起到一定的辅助作用。

明暗交界线一定是产品的结构线，但结构线不一定是产品的明暗交界线。理解这句话之后，会对物体的明暗了解得更加深刻，也就不会找错明暗交界线和结构线的位置了。

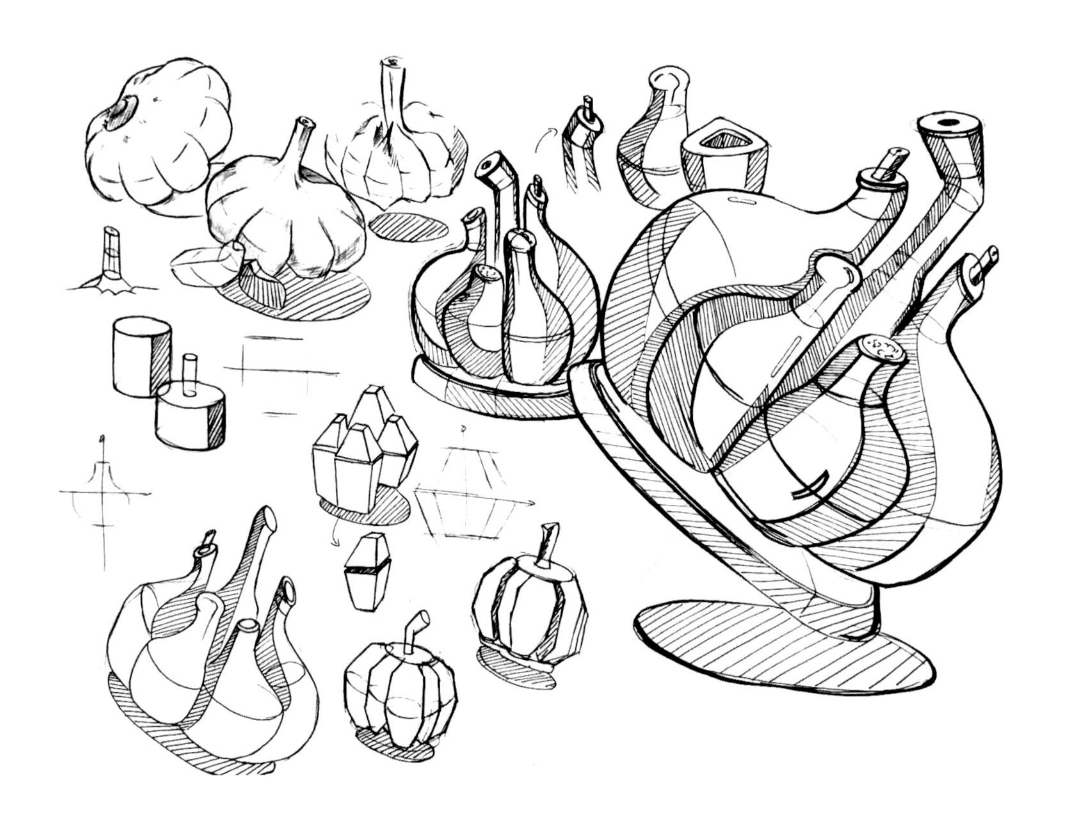

1.6 工业设计手绘考试的考察点

考研手绘到底在考察考生的什么能力，弄清楚了这个问题，我们才有明确的方向，进行有针对性的训练。高校考察学生的能力，不外乎以下两点。

逻辑能力

设计师的工作不是自我意志的表达，而是发现人们生活中的问题，并且用合适的方法解决这个问题。画快题不能只呈现一个结果，而是拿到一个课题，从理性分析到发现用户“痛点”，并通过设计解决问题的全过程呈现。考研快题的目的之一就是通过快题答卷来考查考生的逻辑思维和创新思维，是否具备整体系统的解决问题的能力。

手绘表达能力

尽管创造美的形态并不是设计师的全部工作，但这也是设计师必须具备的最基本技能。设计师之所以和工程师不同，就是因为设计师必须站在用户的角度来思考问题，而不是仅仅站在技术的角度思考问题。好的产品不仅在功能上满足用户需求，在视觉感受上也是美好的。从这一点来讲，也提醒各位，不要在一个自称极简主义的小盒子上加百十种功能。盒子谁都会画，是什么让你的盒子与众不同？在产品同质化严重的时代，你的产品造型更应该具有识别度。用你的手绘表达能力，将你的设计方案完美呈现出来。用清晰的画面来表达你的设计方案，而不是一大堆让人厌烦的文字。

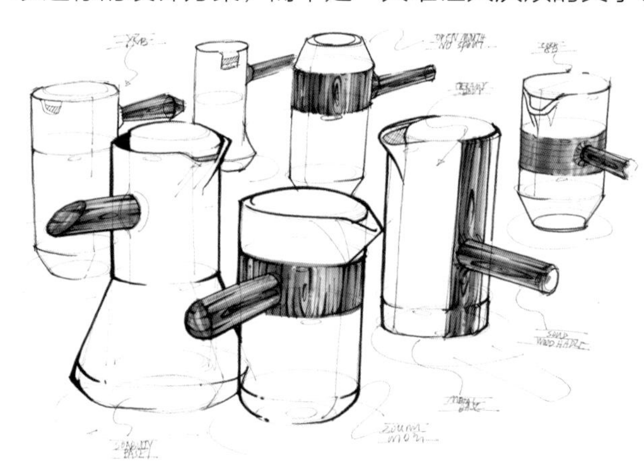

1.7 快题训练时间规划建议

本专业考生参考

1月	2月	3月	4月
5月	6月	7月	8月
		（基础阶段）	
		7月、8月开始进入系统的手绘训练，抓紧暑期集中训练的时间，为其他科目腾出时间	

9月	10月	11月	12月
9月巩固基础，练习手绘表达，提升手绘能力	10月进入快题整体训练阶段，有完整的卷面表达，丰富的细节内容	11月强化手绘训练，形成自己的手绘风格，提高画快题的速度	12月严格按照考试时间进行模拟考试训练

跨专业考生参考

1月	2月	3月	4月
要开始接触手绘，熟悉最基本的工具使用技巧	2~6月练习产品单体表达，包括线稿和马克笔的运用		

5月	6月	7月	8月
2~6月练习产品单体表达，包括线稿和马克笔的运用		7月、8月开始进入系统的手绘训练，抓紧暑期集中训练的时间，为其他科目腾出时间	

9月	10月	11月	12月
9月巩固基础，练习手绘表达，提升手绘能力	10月进入快题整体训练阶段，有完整的卷面表达、丰富的细节内容	11月强化手绘训练，形成自己的手绘风格，提高画快题的速度	12月严格按照考试时间进行模拟考试训练

第 1 章课后作业

作业内容：

1. 时间充足的同学请保持每天练习一张线稿的频率。
2. 简单的线稿（无透视，纯侧面）临摹练习。
3. 带透视的产品线稿临摹与练习。
4. 带明暗关系的线稿临摹与练习，也可以对照产品照片或实物进行临摹与练习。

作业要求：

1. 线条要求手稳，长直线建议用 A3 纸进行练习。
2. 透视注意近大远小的特点。
3. 明暗关系练习注意明暗交界线的定位以及反光的存在。
4. 线稿素材可以自己网上寻找，也可以临摹书中资料。自己找素材的要求：无透视，纯侧面，产品形态流畅。

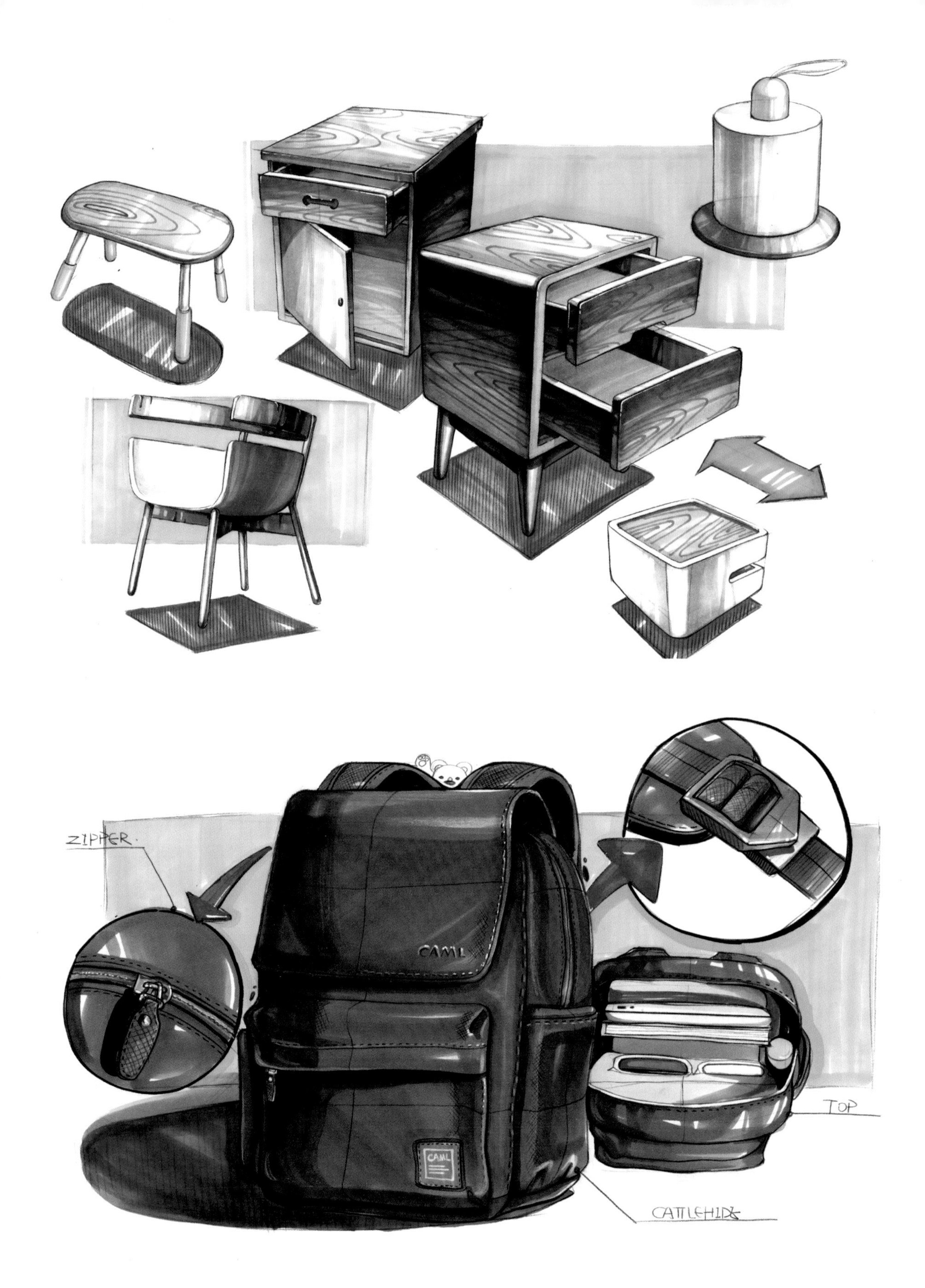
ZIPPER
CAML
CAML
TOP
CATTLEHIDE

第 2 章　怎样画好手绘产品

2.1 线条的属性

线的属性区分——轮廓线

轮廓线是指产品的外边缘界线，产品与背景或其他对象之间的分界线；也指产品自身结构之间存在前后空间关系，形成产品的局部轮廓线。

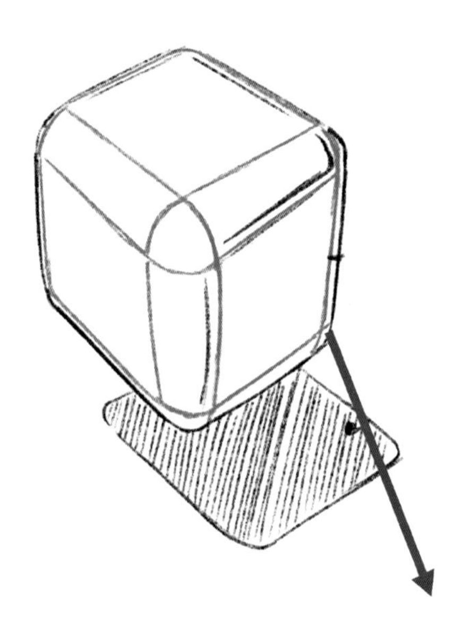

即使是同一产品，其轮廓线也是不断变化的，随着观察角度的改变而改变；而球体的轮廓则始终是正圆，在所有产品的轮廓线中属于唯一不变的一种特殊情况。

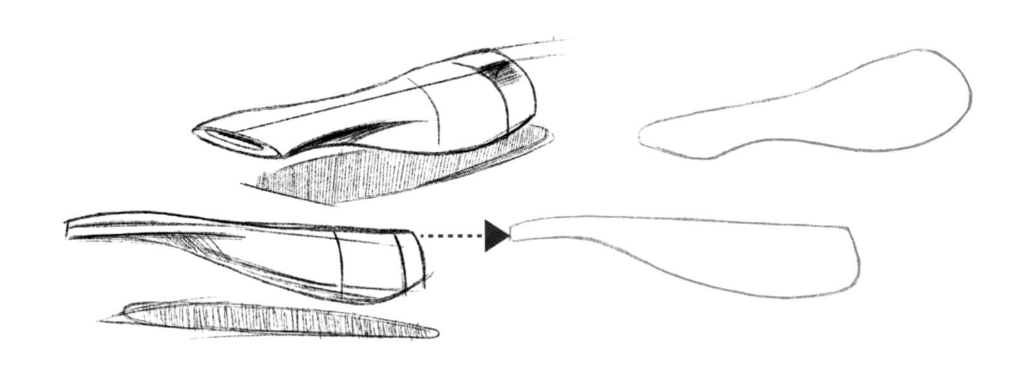

线的属性区分——分型线

分型线通常出现在不同材质的分界处，不同形状的分界处。例如下图中表盘与表壳的分界处形成的分型线，以及表带与表壳的分界处形成的分型线。

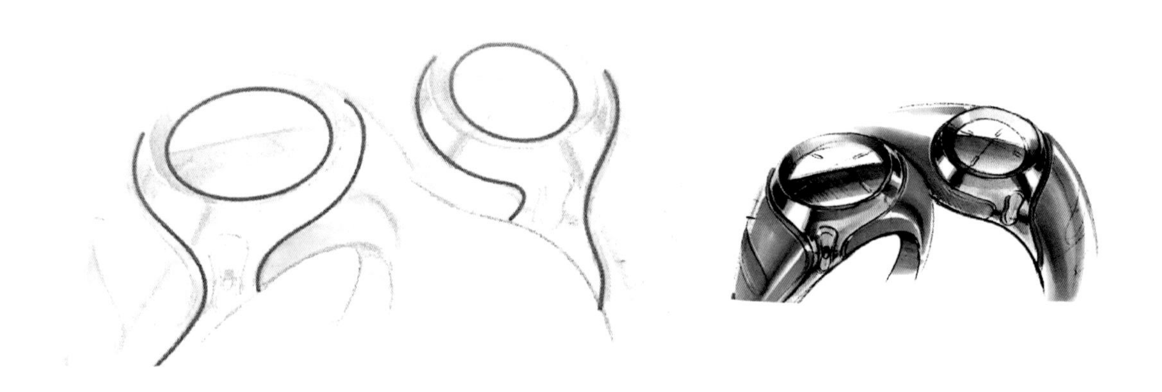

线的属性区分——结构线

结构线主要分为两种。
第一种是在直面与直面的转折处，形成的形体结构线。
需要注意的是，直角或锐角转折的形体，其轮廓线往往与结构线重叠。或是如下图因自身面与面之间发生转折与形体变化而形成的形体结构线。

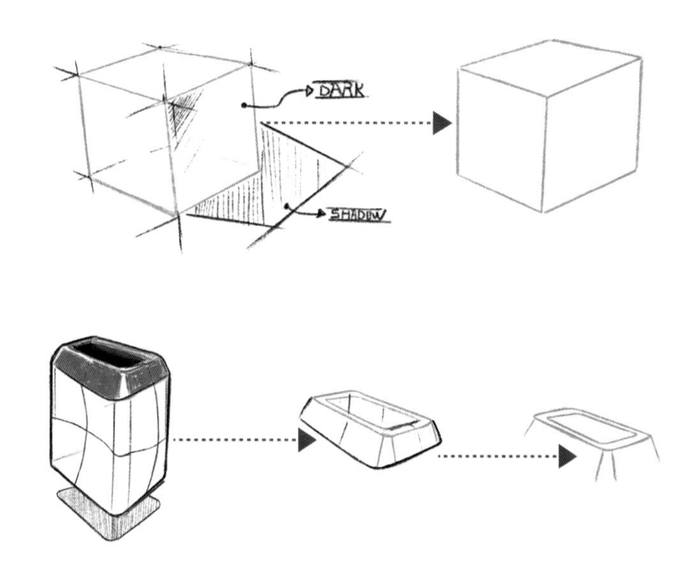

第二种是在直面与弧面的转折处，形成的形体结构线。

同样需要注意的是，在外轮廓非直面或锐角转折的形体，其轮廓线往往不与结构线重叠。如下图，结构线特殊类型——渐消面消失线，因形态尖锐，剖面到顺滑剖面过渡而产生的消失线。

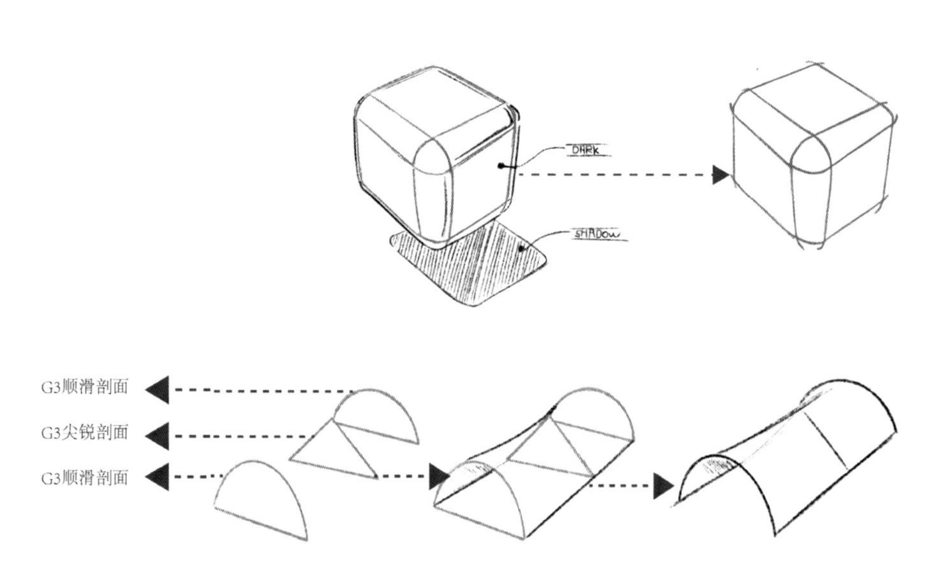

线的属性区分——中心线 / 剖面线

中心线 / 剖面线主要表达产品型面形态的转折与变化关系，借助剖面线进一步补充说明产品的形态与转折变化。

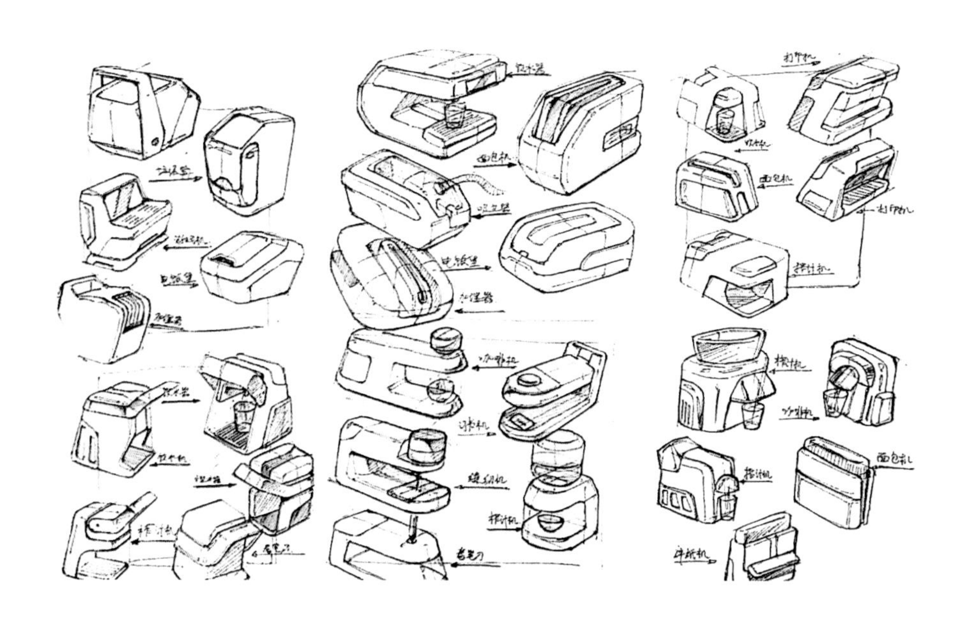

线条的属性——倒角

在画线的过程要注意，在实际产品中由于安全等因素，很少出现完全直角的产品，所以在表达产品时要注意线与线的连接。避免线稿中出现尖角和连接不完全的情况。

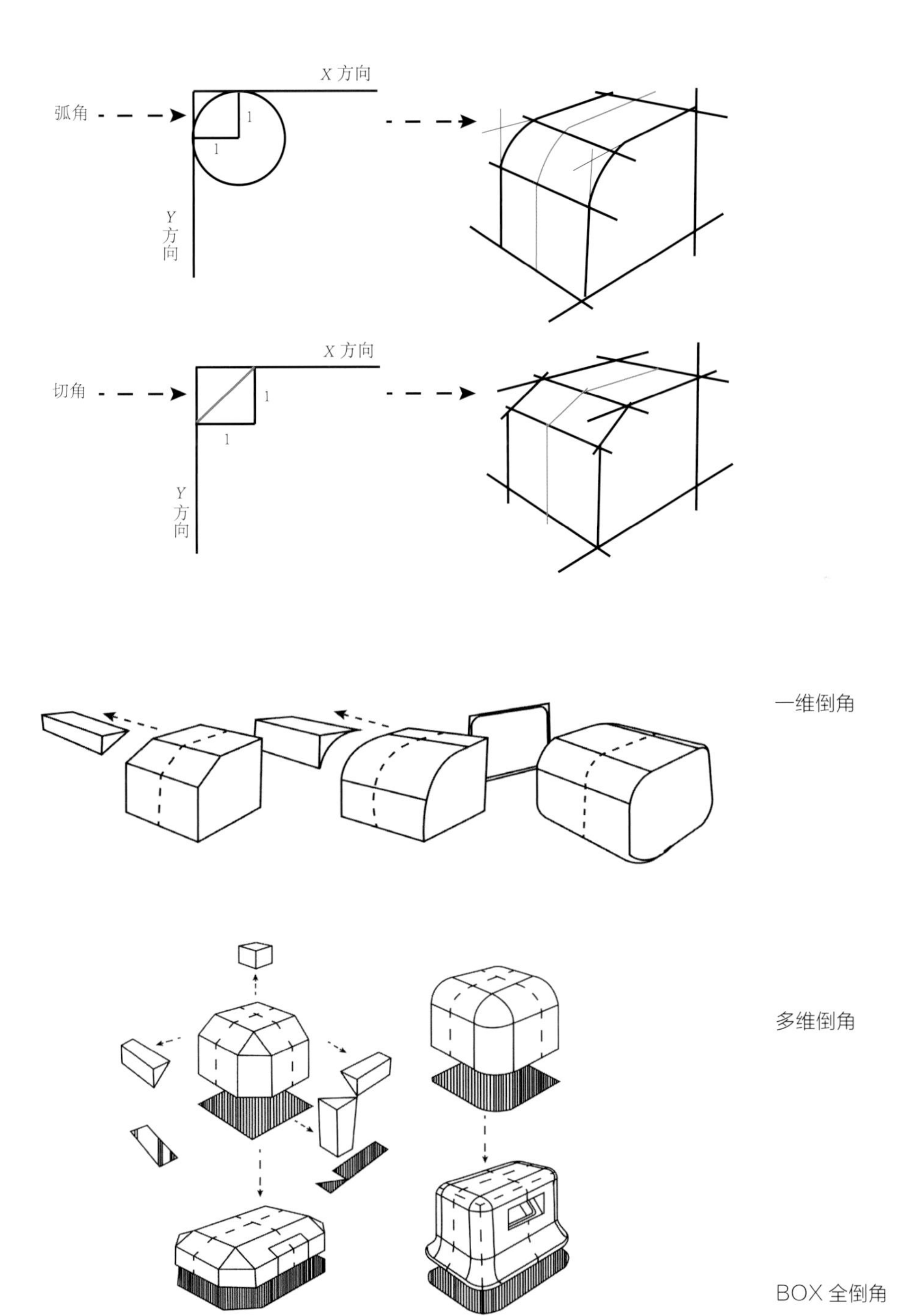

线的属性在形体中的综合表达示例

- 轮廓线——不仅是产品最外圈的轮廓，还代表整个产品最外围的轮廓边。
- 分型线——物体表面将不同的材质或功能进行区分的线条。
- 剖面线——和中点结构线重合，将整个产品进行左右对称分割。

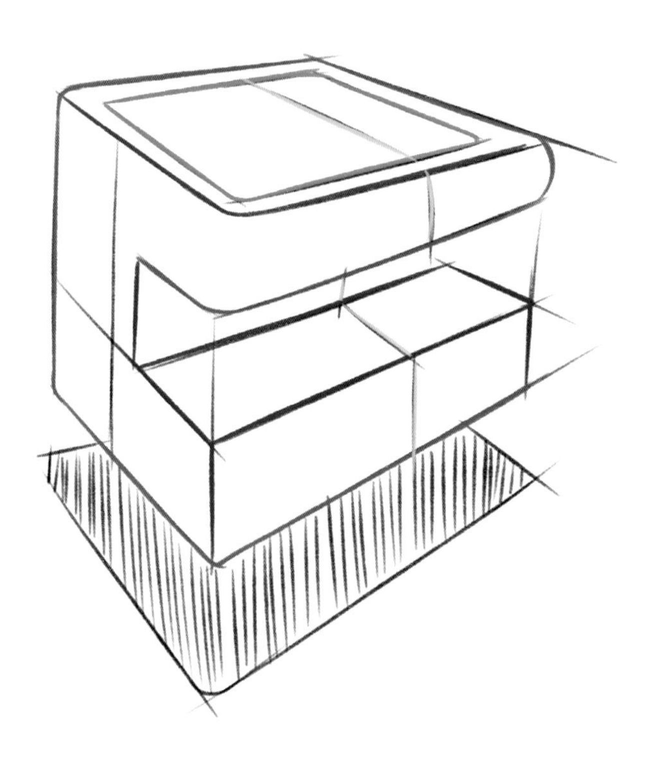

2.2 产品的光影关系

伦勃朗因把光和影的表达发挥到极致而被称为“光影大师”，可知光影效果对人的视觉认知有多么重要的影响，有光影的事物才让人感觉到真实，有生命力。

明暗效果怎么表达准确？

只要有光的存在，产品就一定有明暗关系。亮、灰、暗是最基本的三个明暗层次。所有的光影关系都是在亮、灰、暗三个层次的基础上变化的。所以，在画产品的时候，亮、灰、暗三个不同的明暗层次一定要分明，这样产品才有体积。方体、圆柱、球体，所有产品的形态都是由这几个基本几何体叠加变化而成，在表达的时候要依据形态分析光影关系，灵活应用，才能画准确。

通常，我们先找影子或者光的位置，两者相互对立，根据光源进行产品的亮面确立，与光距离最近、受光最大的面就为亮面，接着是灰面，其次是暗面，暗面的面积相对较大，在画面中以重色为主，暗面后面是反光部位，最后是影子。在黑白线稿中，我们一般不表现反光，在马克笔上色中，反光则是重要表现部分。按照光、亮面、灰面、暗面、反光、影子的顺序进行明暗部分的确认，依次分析和上色，就不会出现光影关系表达的错误。

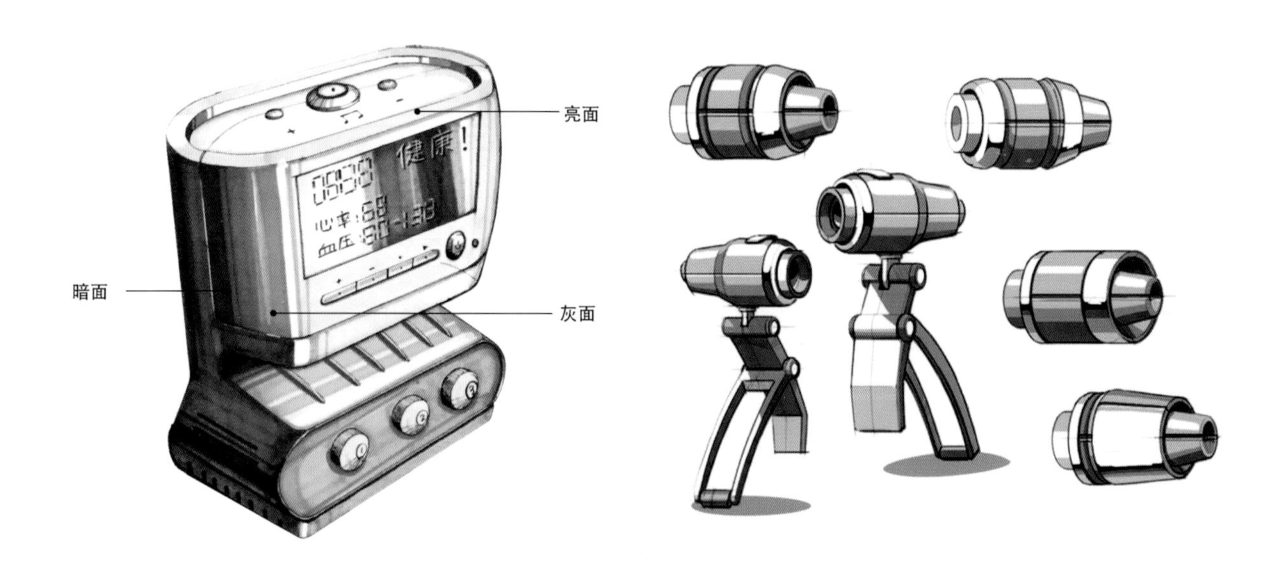

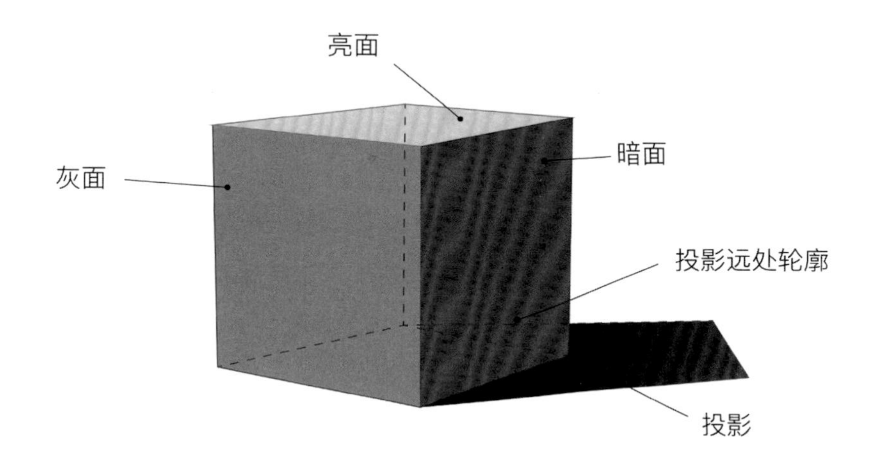

你真的画对投影了吗？

光影关系中一个重要的组成部分就是物体的投影，但是有很多考生经常会忘记，如果没有投影，整个物体就像飘在空中，没有重量。

投影的轮廓：它不是简简单单的一块黑灰色，它的轮廓根据物体形态和光源方向的变化而变化，最重要的是找准投影远处的轮廓线：有体积才有投影，所以轮廓线是从物体和地面接触的地方延伸出来的，而不是凭感觉随意画的。

把握好产品的光影关系，是塑造出产品体量的关键。

2.3 马克笔的材质表达

产品的材质表达主要由马克笔来完成，在快速表达中，虽然不如精细绘画把材质表现得那么细致真实，但也有些特定的表达方法来表现不同的材质。

塑料

塑料材质的视觉特点是硬度高，有光泽。所以，在表达塑料材质的时候就要把这些特性体现出来。用笔流畅，不能停顿，笔触边缘一定要清晰，一般留白作为高光。记住画出明暗关系，遵循普通的光影关系即可。

金属

金属的视觉特性就是高强度反光，并且光影关系十分不规律，表达时注意画出大的明暗反差。同时，运笔一定要果断、迅速，笔触边缘要清晰，留白作为高光。低反光金属明暗反差稍小。

木质产品

木材反光率低，一般是没有高光的，但在快速表达的时候，有时会留一些高光，但是占比很小。如果要画很真实的木材一般是不留高光的。先用浅色画出大体的明暗关系，然后再用深色去画木纹纹理。为了使木纹看起来更真实，运笔可以稍慢一点，待马克笔干了之后用彩铅勾勒一下纹理边缘即可。

皮革

皮革材质对笔触的要求不高，首先平涂一遍，记住运笔轻松一点，让画面透气。然后用彩铅或针管笔画针缝线，最后用白色彩铅加上高光即可。

玻璃

玻璃是透明的，并且都有厚度，所以画玻璃材质的时候轮廓是双线条。因为透明，光影关系对它的影响并没有一般材质那么大，所以光影关系比较弱。如果透过玻璃能看到其他材质，那么玻璃内部的材质要画得相对较弱一些，既表现透明材质的特点，又能让人看到内部的结构变化。玻璃材质是大家在快题中经常选择表达的一种有特点的材质。

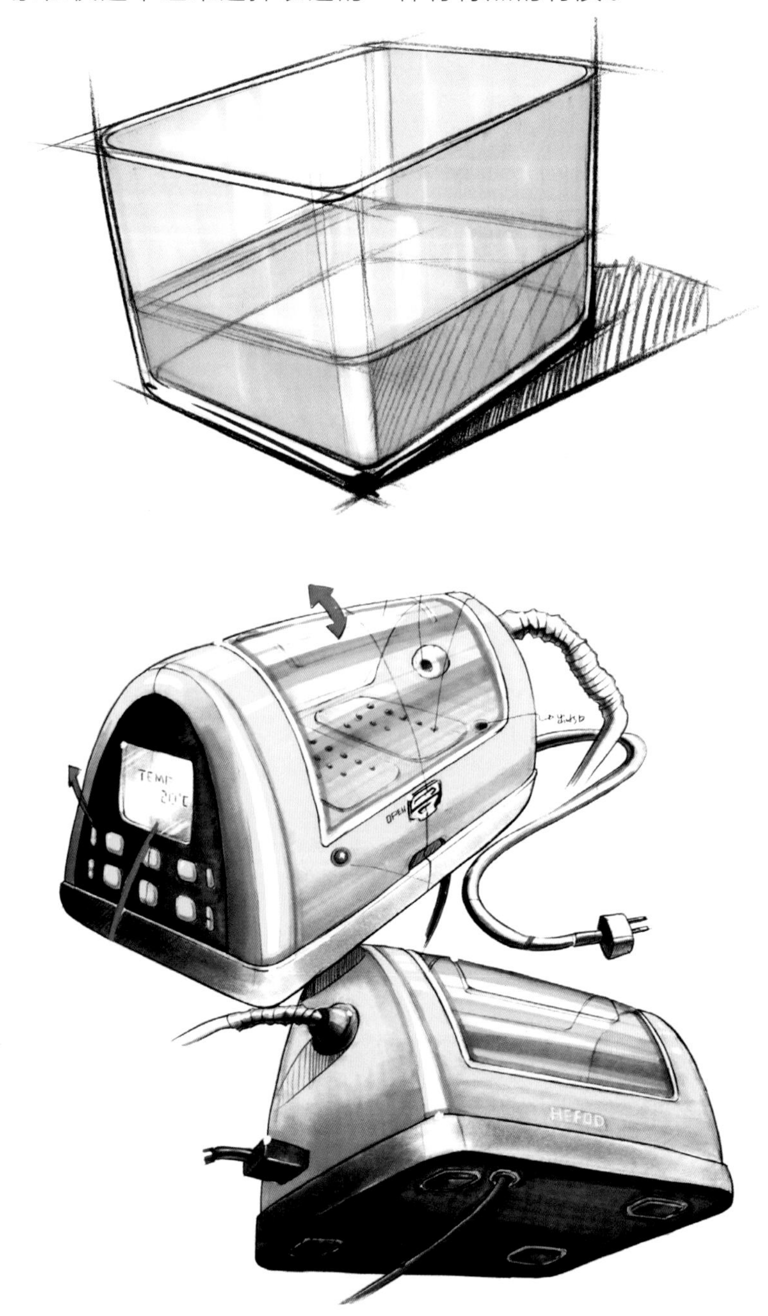

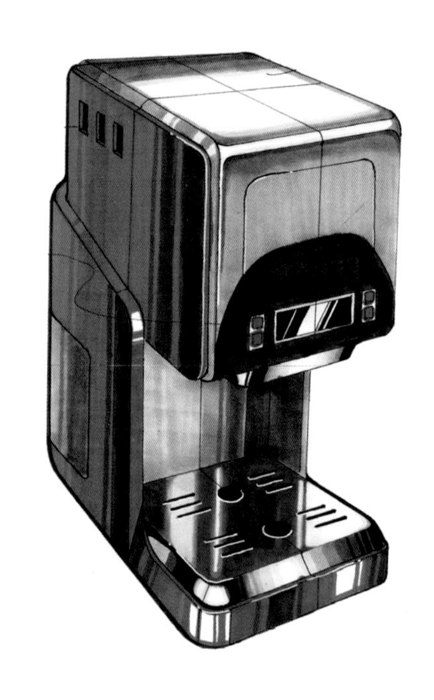

电子产品屏幕

电子产品屏幕属于高反光材质。屏幕不亮的时候很好表现，留高光，两端表现正常的明暗关系即可。但是当屏幕亮的时候，屏幕里面的内容也需要画出来，需要注意的是屏幕里的内容会有个小小的反光。这个小细节会增加屏幕的真实感。在屏幕上反映信息的时候要注意，数字和文字也需要和屏幕保持一样的透视角度，以体现整体感。

产品材质的优秀表达案例

NAME

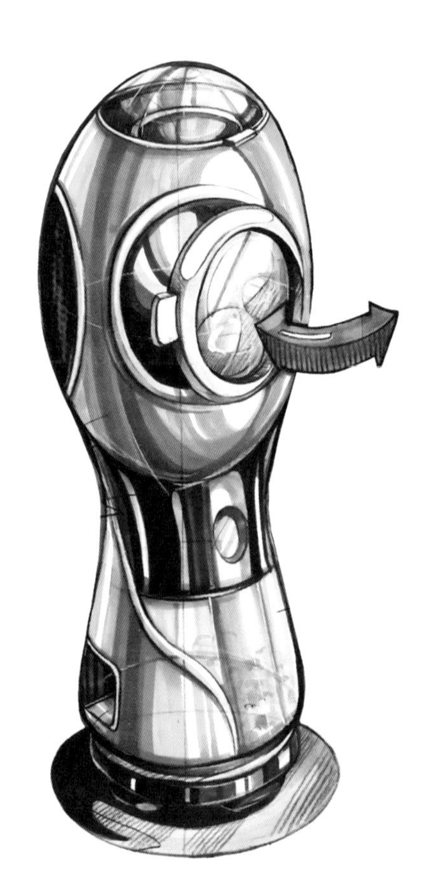

PUSH

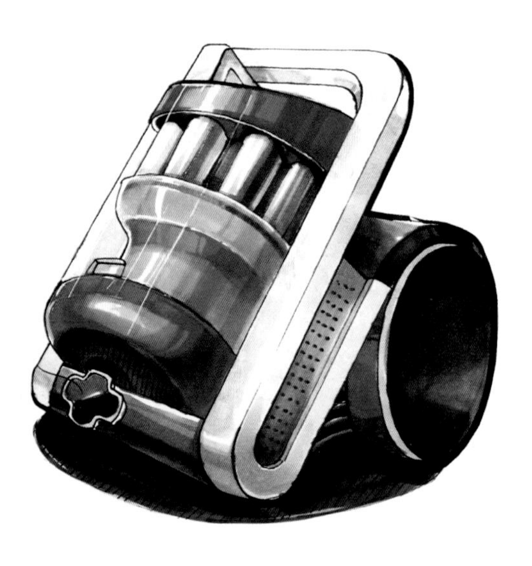

第 2 章课后作业

作业内容：

1. 临摹并默写单个材质，记忆不同材质表现的特点。
2. 不同材质的单一产品马克笔练习。
3. 完整产品的马克笔练习，即多个材质组合的实体产品。

作业要求：

1. 马克笔产品的明暗关系分析到位。
2. 线稿的形体和透视把握准确。
3. 练习的过程中，注意马克笔的笔触或运笔方式。

造型推演
内置USB充电接口
底部可升降,方便进入!
时间:十分钟
强度:大

变装镜
一款将电镜像和磁吸配件使人物镜像进行变装的儿童桌面游戏.
设计说明
磁吸
件丰富
多样.
草图方案
1.
2
3.
方案评估
1.
2.
3.
设计说明
这是一款鼓励多年龄层共同参与的社区健身设施.
顶部亦可发光,吸引更多人参与.

第 3 章　产品创意造型设计

3.1 好的产品造型

在考研手绘中，如何完整地表达自己的设计概念很重要。造型能力是手绘表达的基础，手绘是为表达设计概念服务的。因此，需要直观地画出最能表达自己设计创意的产品造型，能够让评卷老师在很短的时间就能了解你的设计创意。

好的产品造型表达，包括产品透视、产品材质、产品色彩等方面，在满足产品功能需求的前提下，综合这些方面便能够设计出多种多样的产品形态。

材质的选择

材质表达是很重要的产品效果呈现，而在工业设计考研手绘中，常用的材料在第 2 章展示过，包括但不限于塑料、金属、木质、皮革、玻璃等。

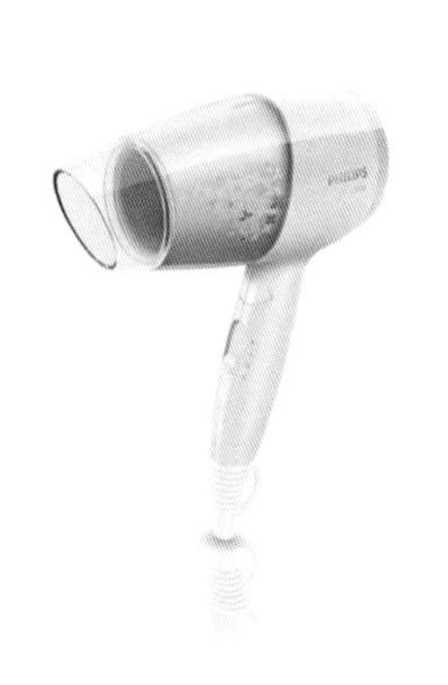

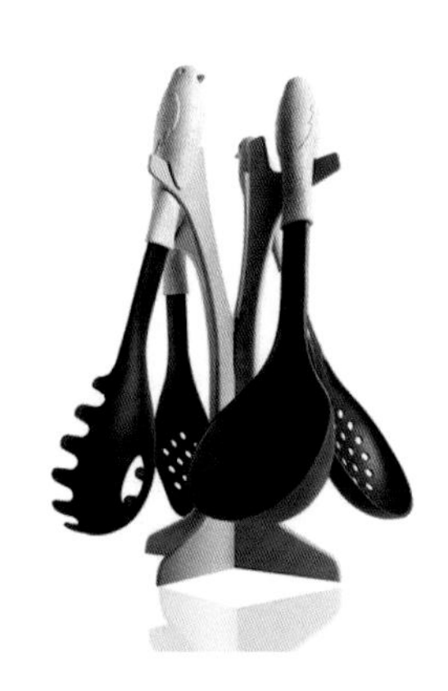

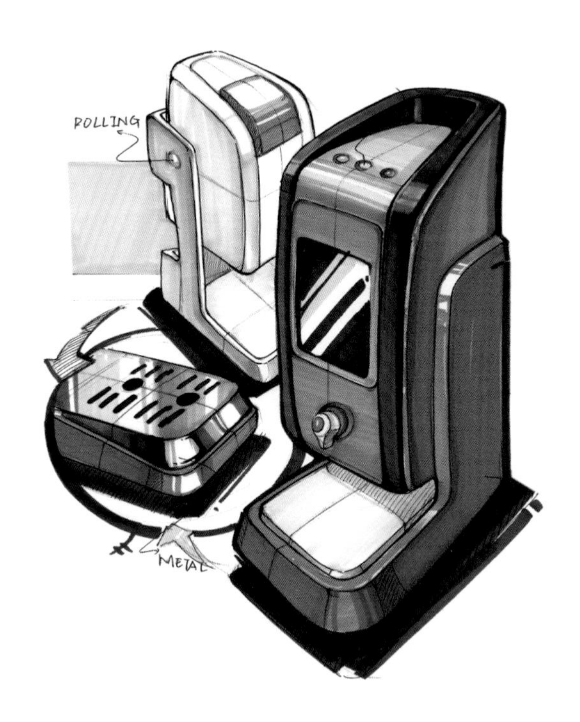

在熟悉了这些材质的表达后，需要根据设计的概念进行材质选择。

1. 选择丰富的材质。很多同学在画产品手绘时常常只使用单一的材质，这样的产品较为枯燥单一，感觉不够深入。这时可以根据设计产品的功能、用户、使用场景等要素，考虑多使用几种材质。

2. 运用不同的表面处理方式。在使用同种材料进行设计时，可以根据产品进行同一材料的不同表面处理，如塑料这种应用较为广泛的材料，就可以进行多种表面处理方式。

色彩的选择

在考研手绘中，色彩的搭配也很重要。在备考时建议选择 1 ~ 2 套最熟悉的配色方案，可以大量节约考试时间。

在主方案中选择 1 ~ 2 套颜色搭配，1 套灰色搭配。小方案和卷面其余部分的颜色可以使用同类色，这样能使画面的整体效果显得比较统一，但要注意分清产品的主次。

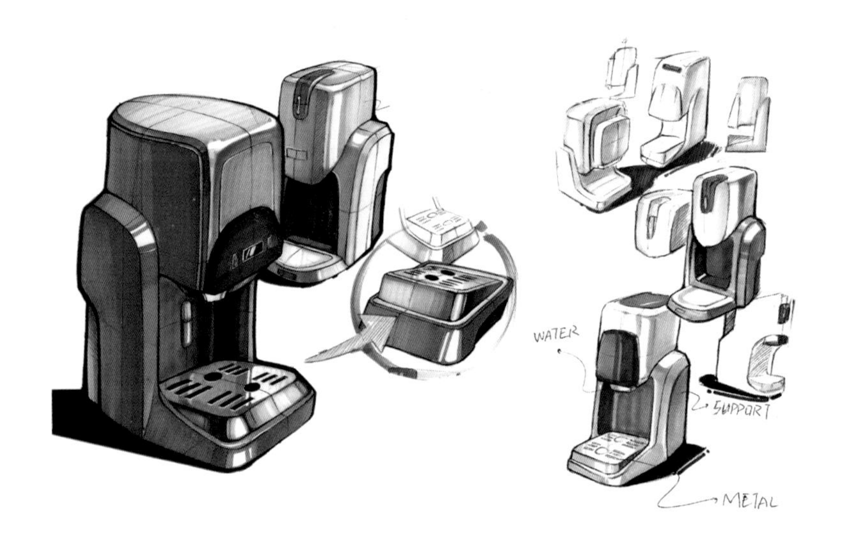

各造型元素的比例分配

1. 选择产品整体形态

初期，我们通常选择圆柱体、球体、立方体等较为整体的几何形体作为产品形体的初始参考，然后对其几何体进行形态切割或分离等操作，使这些简单形态接近产品最后的造型。

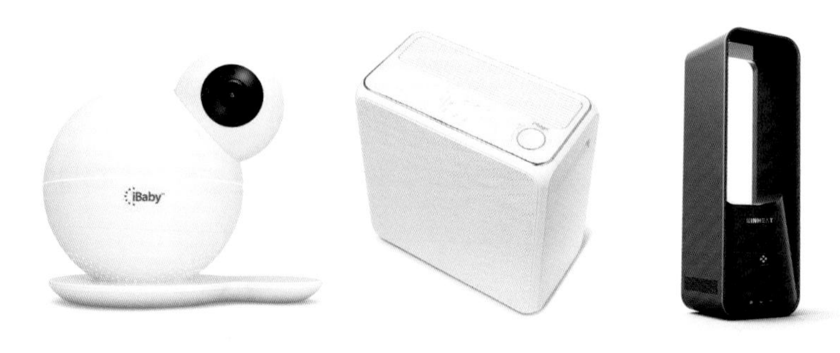

2. 可以选择形态的组合

将两个或两个以上的简单形态组合在一起形成一个新的形态，以达到丰富整体的效果。但需要注意，组合的单体要有主次之分，要突出整体形态中的主体部分。

3.2 产品造型设计的步骤与方法

在刚开始训练考研手绘的产品造型能力时，需要积累一些产品造型素材。开始阶段可以选择以临摹大师手绘作品为主，掌握大概的透视及形体穿插、画面排版以及画面内容选定；接着选择马克笔上色稿进行练习，熟悉他人的马克笔使用方法，学习笔触以及产品留白方式，但大多临摹作品都是经过他人提炼概括总结过的，所以我们在画图片或实物时，要学会总结归纳，明白为什么这么画。最后借助自己的绘画技巧和头脑内的众多设计想法，画出属于自己的设计产品效果图，在不断的草图推演中锻炼造型设计、设计思路，以及自己的画面表达技巧，才能画出优秀的效果图。

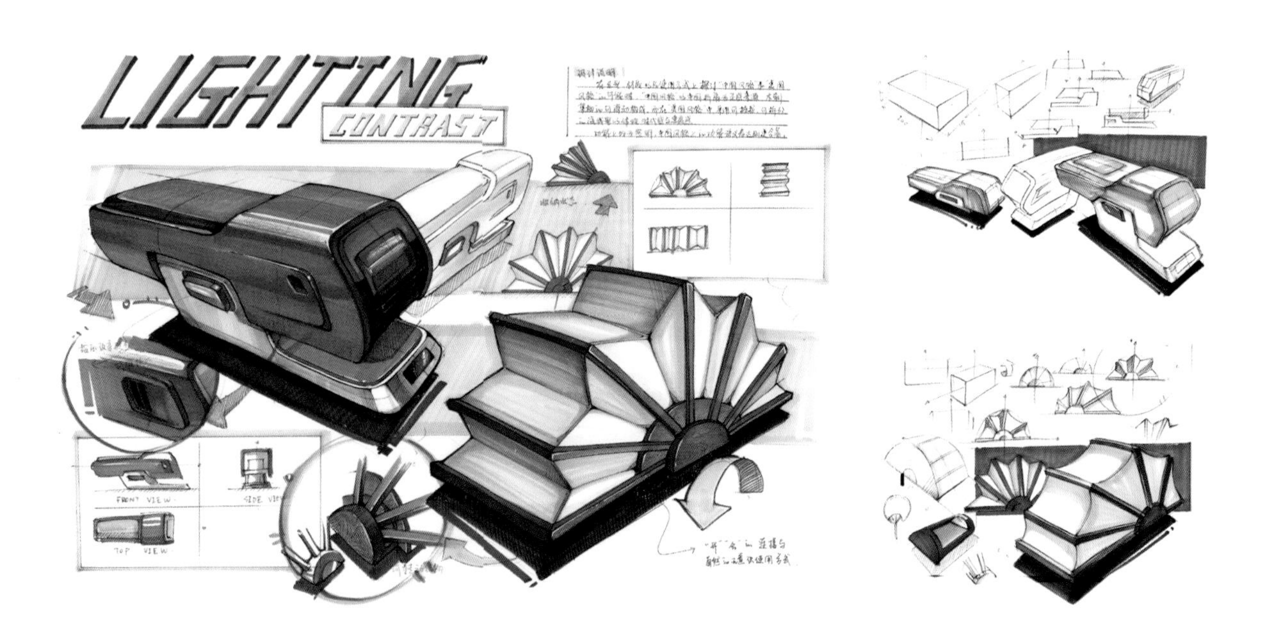

在熟悉产品后，自己在表达设计时，可以按照以下步骤：

首先，确定大体块；

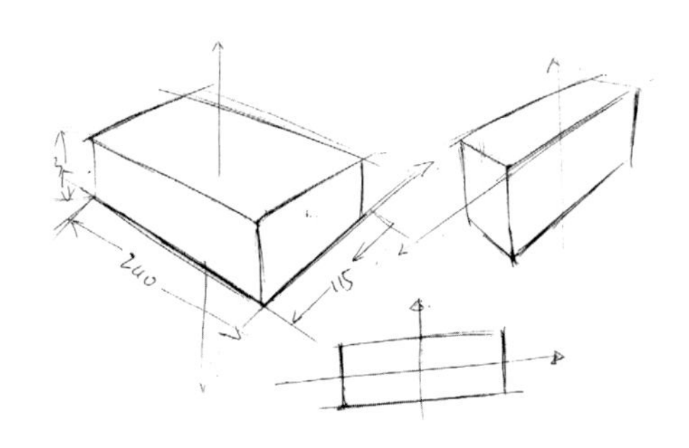

其次，进行形体加减组合；

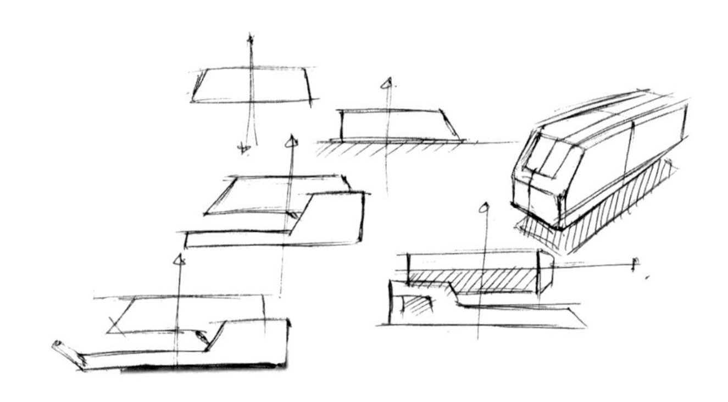

最后，丰富细节。

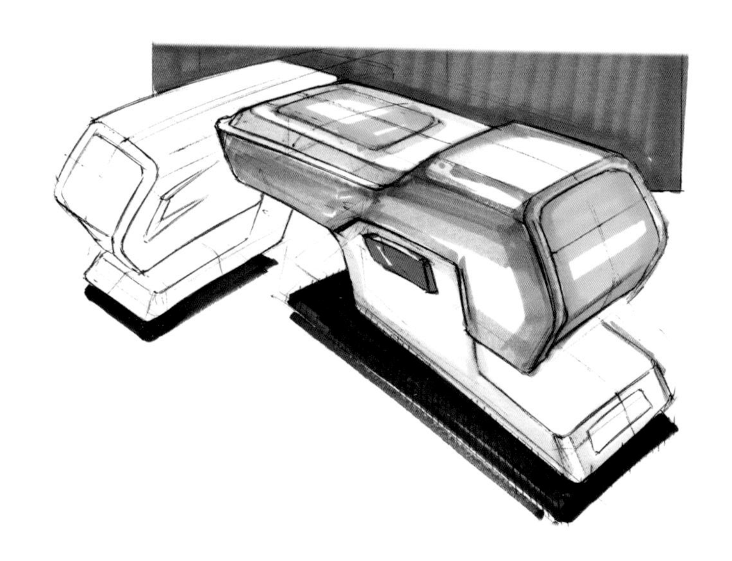

3.3 与设计主题的适应性

产品的造型是为功能服务的，好的试卷能够清晰地通过产品造型表达自己的设计想法。通过产品造型的差异性和特点夸张来表现自己解决的问题“痛点”，因此好的造型会让产品设计呈现效果事半功倍。

首先，需要按照设计理念选择最合适的整体外观，是圆形还是方形，是长条形还是扁平形，都需要依照设计概念进行选择。如在设计医疗产品时可能需要同时考虑到病患的使用情绪和医疗使用环境，可以选择柔和简洁的整体外观效果。而一些手持类产品的设计可能更多地考虑人机交互，更加符合手型，更加便携。

其次，好的产品要使设计出的形态符合美学规律，在确保可实现性的基础上设计出更加舒服的产品。在确定好整体外观后，需要考虑加入一些产品的细节处理，包括材质、抓握方式、按钮的触碰形式、人机反馈以及情感属性等方面，依次达到产品的落地性、科技感和操控感的最佳状态。

第 3 章课后作业

作业内容:

1. 根据现有产品如吹风机、榨汁机、空气净化器等进行造型变化练习。
2. 根据造型变化后的产品进行小快题的内容预练习（标题 + 产品 + 设计说明）。
3. 尝试设计改造一款产品，从功能、使用人群、使用环境等多方面考虑。

作业要求:

1. 产品造型变化练习所涉及的产品应全面化、多样化，例如家电产品、医疗产品、娱乐产品、教育类产品。
2. 准确把握线稿的形体和透视。
3. 马克笔上色时注意结构线方向的运笔。

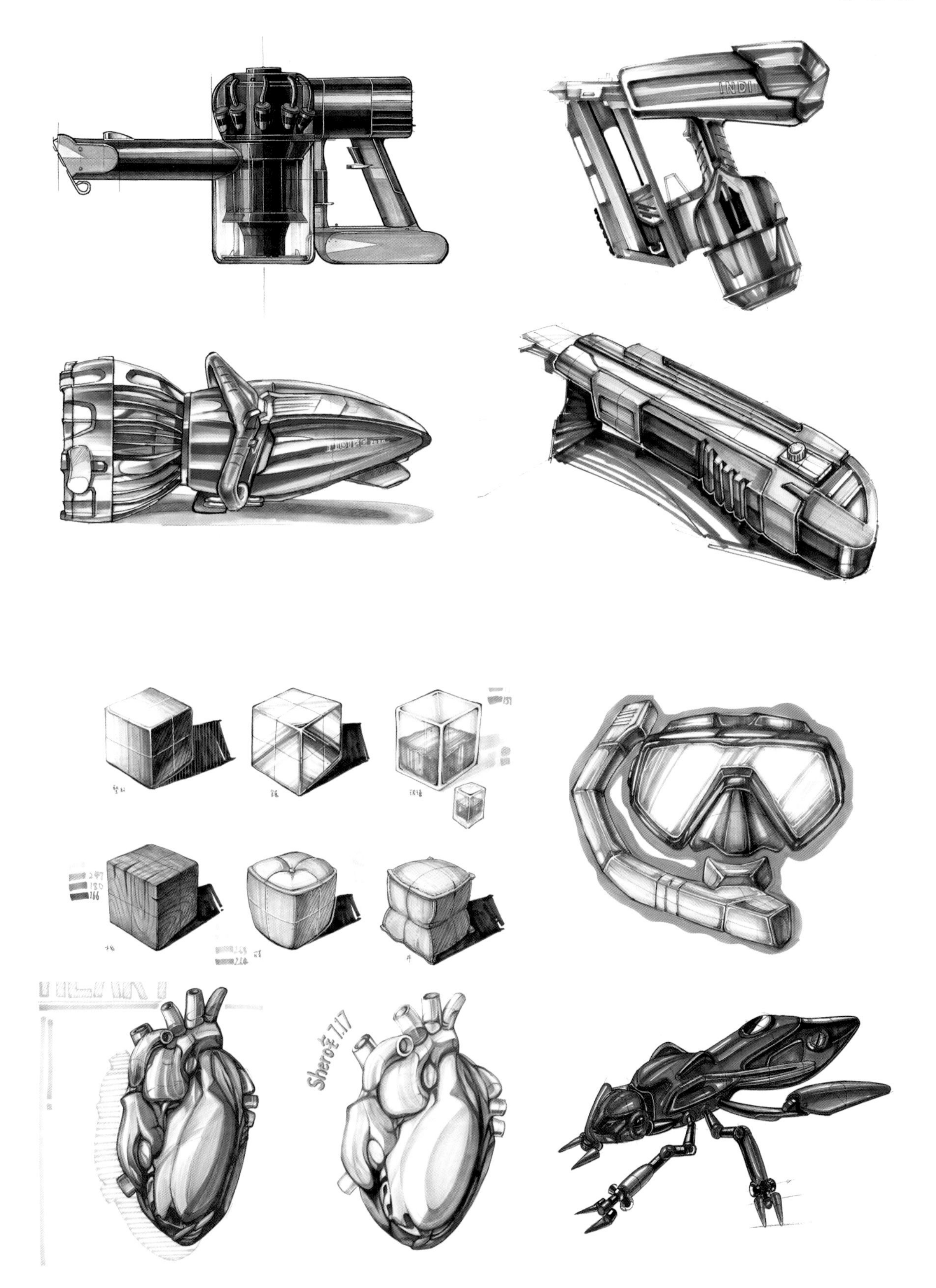

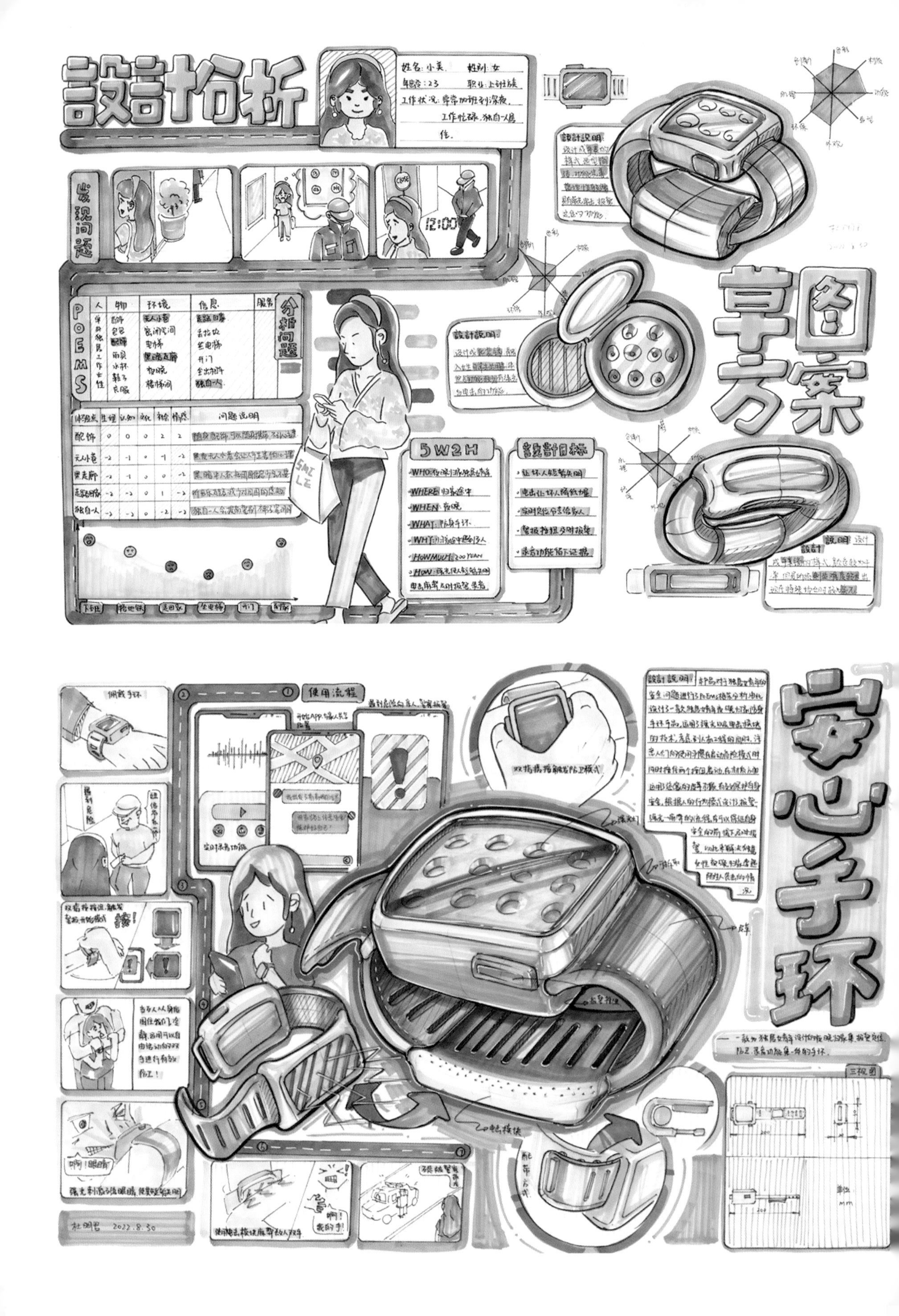

設計分析
姓名：小美.
性别：女
年龄：23
职业：上班族
工作状况：经常加班到深夜，工作忙碌，独自一人居住。
发现问题
12:00
CLOSE
分析问题
人
物
环境
信息
服务
5W2H
WHO：
WHERE：归家途中
WHEN：夜晚
WHAT：防身手环
HOWMUCH：200 YUAN
HOW：
设计目标
SMILE
设计说明：
草图方案
說明
设计
安心手环
使用流程
三视图

第 4 章 设计提案

4.1 什么是设计提案

几乎所有院校在手绘考试中都有明确要求，卷面上需要呈现一定数量的设计提案（小方案）。设计提案就是针对设计主题，经过分析后解决特定问题的不同方式。

举个简单的例子，设计主题：缓解青少年颈椎压力，预防颈椎病。设计提案一，颈椎按摩仪；提案二，手机专用 APP 提供个人数据管理并提醒用户活动。提案一和提案二是解决问题的不同方式。

在工业设计手绘中，设计提案也可以是不同的造型方案，比如颈椎按摩仪几种不同形态的表现。如果三者选其一，第二种设计提案的思路会更受欢迎，因为针对同一个问题，想出不同的解决方案，能体现考生思维的拓展性。

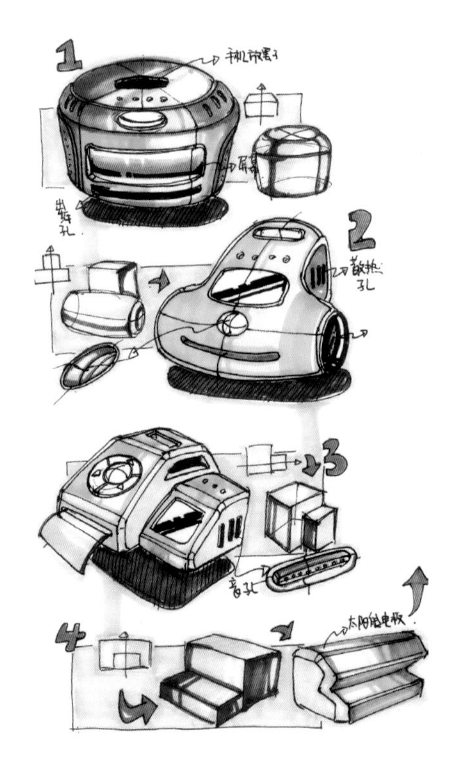

设计提案一

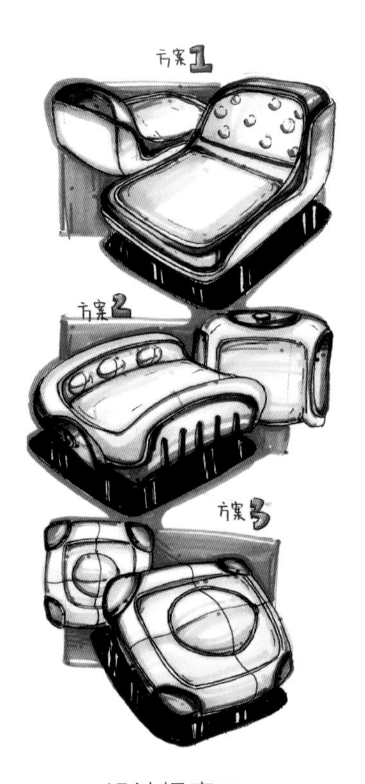

设计提案二

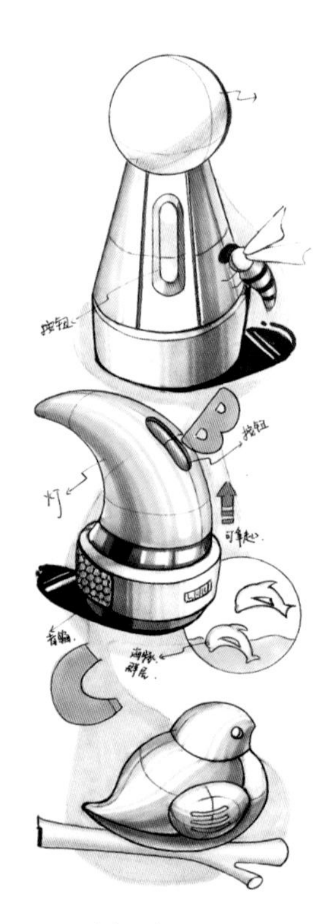

设计提案三

4.2 考试中设计提案的合理表达

如果是工业产品

小方案需要画出：

1. 造型的演变过程或灵感来源；
2. 产品的两个视角，并且视角应具有充分的遮挡关系；
3. 表达适当的明暗和色彩关系，造型演变过程可用灰色系马克笔；
4. 简单的介绍，包括产品名称、主要功能、材质、性能评估等。

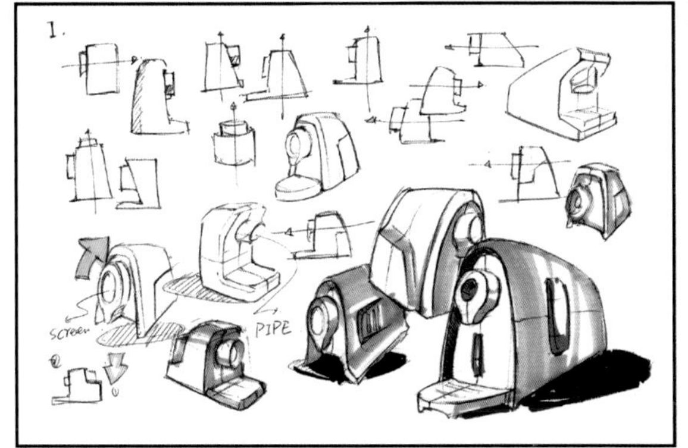

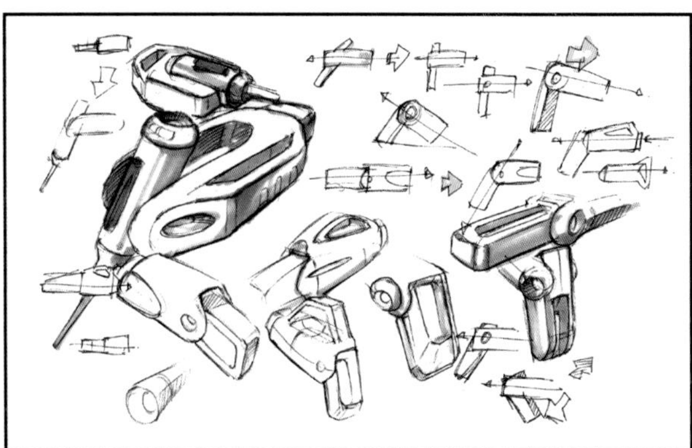

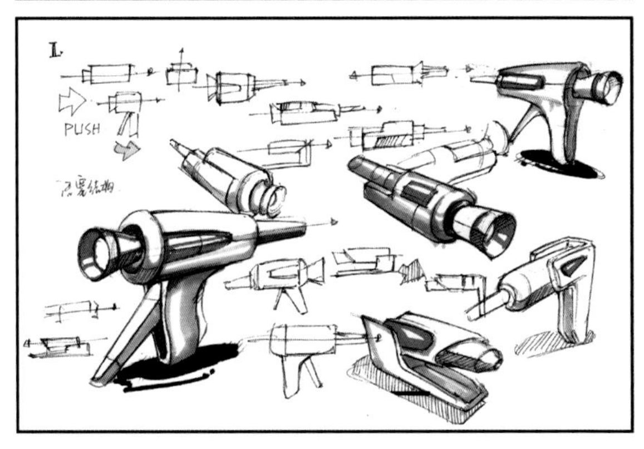

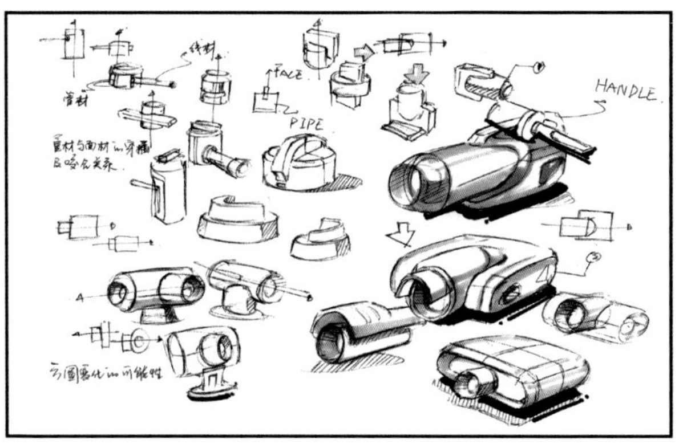

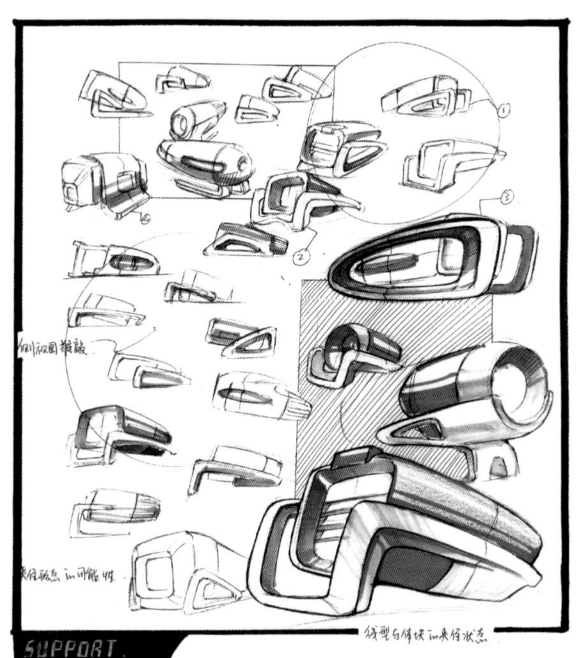

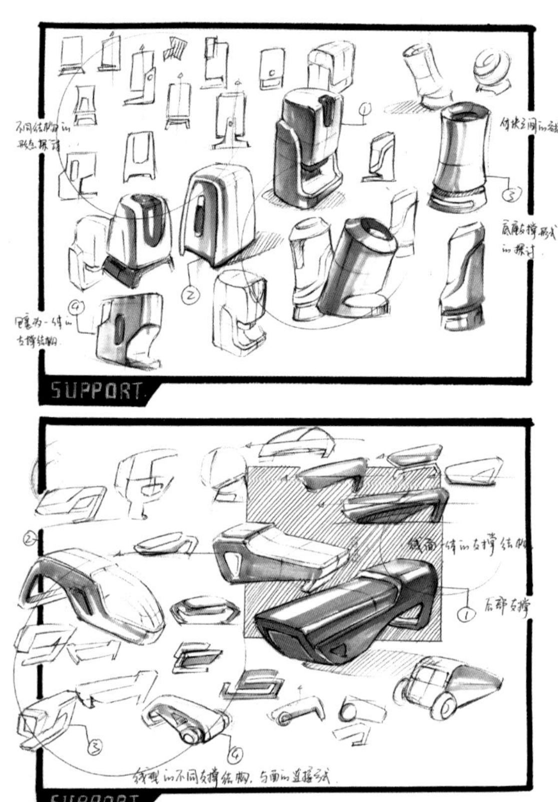

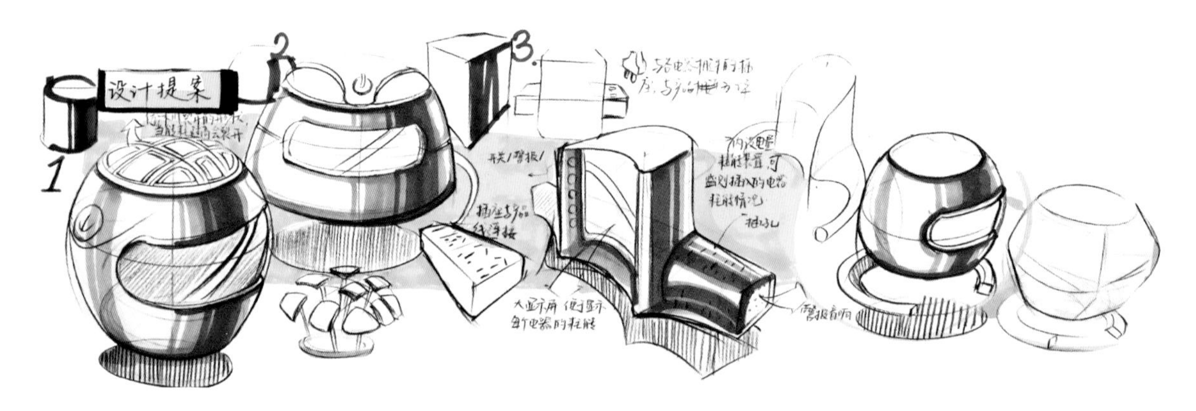

如果是手机应用类产品

小方案需要画出：

1.APP 标志及产品名称；

2. 简单的交互信息构架、版块和层级，分清架构的主次关系以及不同功能所对应的等级划分；

3. 简单的介绍，包括主要功能、使用方式、评估等。描述清楚小方案与主方案之间的差别，解决方式以及思考方式的不同，区分优缺点。

如果是软硬件结合的产品

小方案需要画出：

1. 手机应用类产品的要求（同上）；

2. 硬件产品造型要求（同工业产品）。

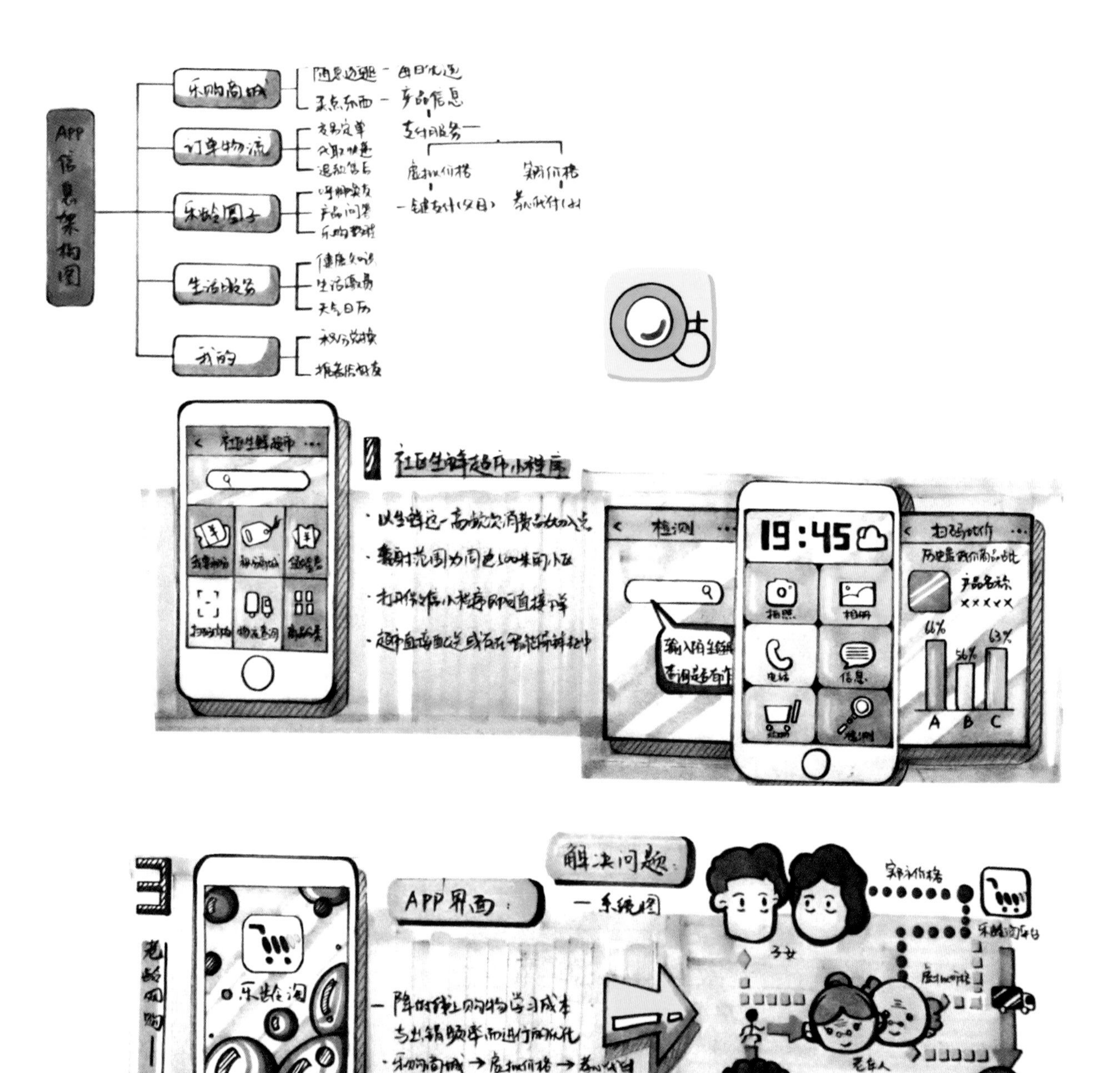

第 4 章课后作业

作业内容：

1. 根据第 3 章作业已经造型变化好的产品进行小快题的内容练习（标题 + 产品 + 设计说明）。
2. 按照加湿器、便携医疗箱和亲子玩具这三个方向，进行每个产品 3 个设计提案的练习。
3. 将上述产品进行小快题的内容练习。

作业要求：

1. 从解决不同问题的角度着手，使 3 个设计提案之间尽可能拉开差别。
2. 产品的小快题练习，内容需要尽可能完整，充分考虑产品设计的创意点和细节。
3. 画面需要考虑整体配色和表达效果。

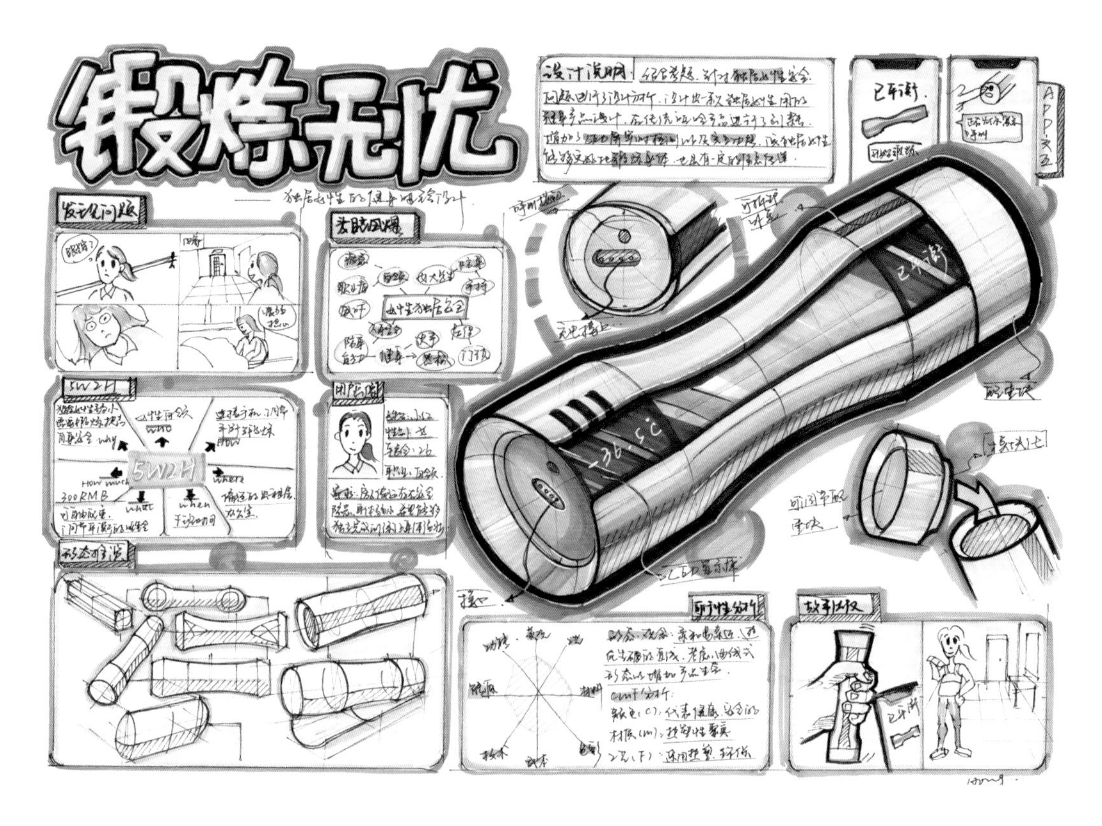
锻炼无忧
设计说明
5W2H
300RMB
故事版

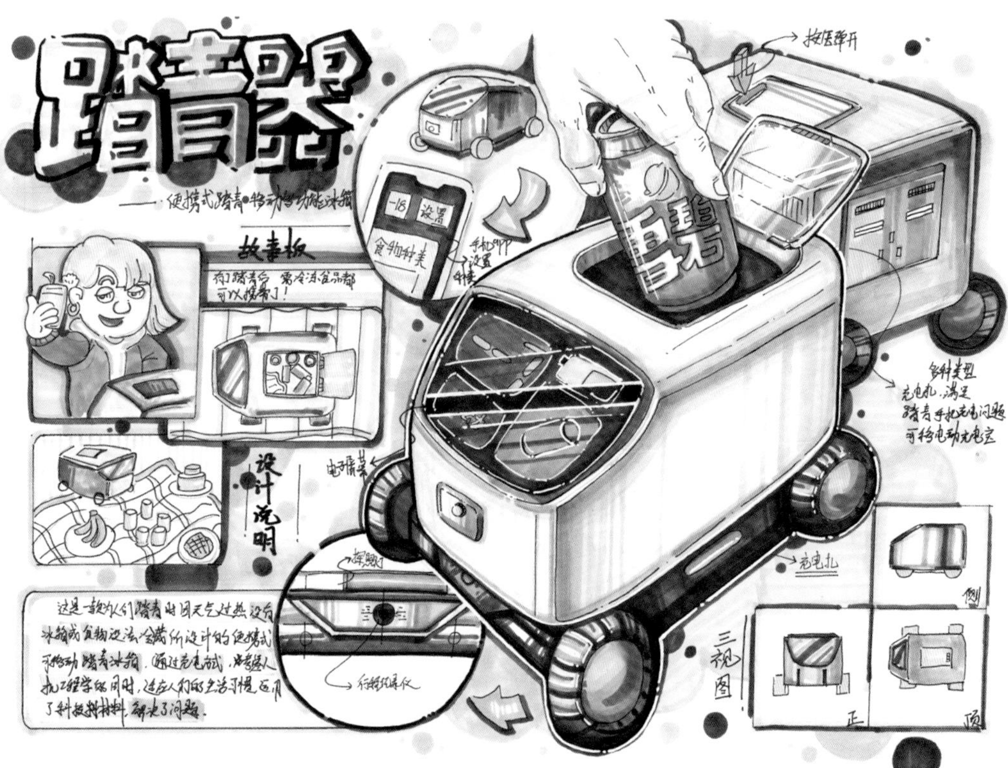
故事板
设计说明
按压弹开
充电孔
三视图
正
顶
侧

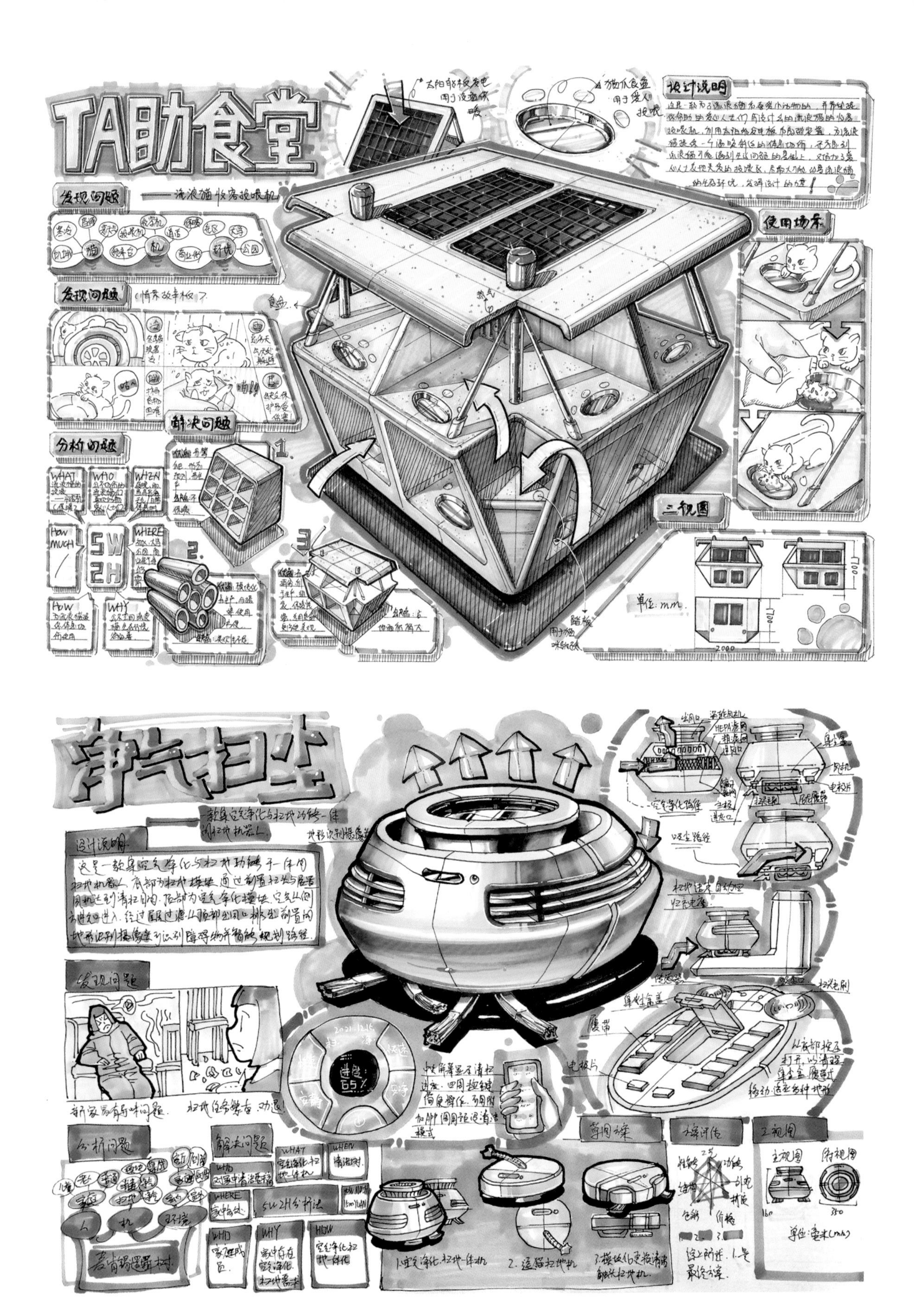

TA助食堂
——流浪猫收容投喂机
发现问题
解决问题
分析问题
设计说明
使用场景
三视图
单位：mm
2000
太阳能板发电
净气扫尘
——一款集空气净化与扫地功能一体的扫地机器人
设计说明
这是一款集空气净化与扫地功能于一体的扫地机器人。底部为扫地模块，通过前置扫头与后置风机达到清扫目的。顶部为空气净化模块，空气从侧方进气口进入，经过层层过滤，从顶部出风口排出。前置的地形识别摄像头可识别障碍物并智能规划路径。
发现问题
分析问题
解决问题
WHAT
WHEN
WHERE
WHY
HOW
5W2H分析法
草图方案
方案评估
三视图
主视图
俯视图
单位：毫米(mm)
进度：65%
2021.12.6
履带

第 5 章 常用的设计方法和工具

5.1 思维导图的运用

设计方法就像驱动思考的工具包和设计过程中所要考虑到的所有方面的框架，借助它们，我们可以完整地表达出自己的设计构想和设计思路，将其清晰地呈现在考官面前。在分析主题、发现问题、解决问题等设计思路的过程中都需要使用合适的工具，同一种工具也可以用于不同的设计阶段。只要掌握好使用这些工具的方法，我们就能游刃有余地驾驭相关的设计主题。

方法说明

思维导图一般用在前期发散思维的阶段，将中心词语进行多方面的开放性讨论，是对中心词语有可能涉及的创新方向的讨论。在画面中我们一般用直线将方块和圆形互相连接来进行可视化展示。

实践指南

将核心主题置于中心位置，围绕核心主题及相关内容，向周围发散，表现出相互关联性与层级关系。一般来讲，会从设计主题细分、人群细分、现象成因、现象的影响、发生场景等方面来拓展。而这些又可以进行下一层级的细分。相当于一次头脑风暴，把所有与主题相关的关键词尽可能地全部列举出来。观察思维导图的成果，可能会发现潜在的关联和创新机会点。

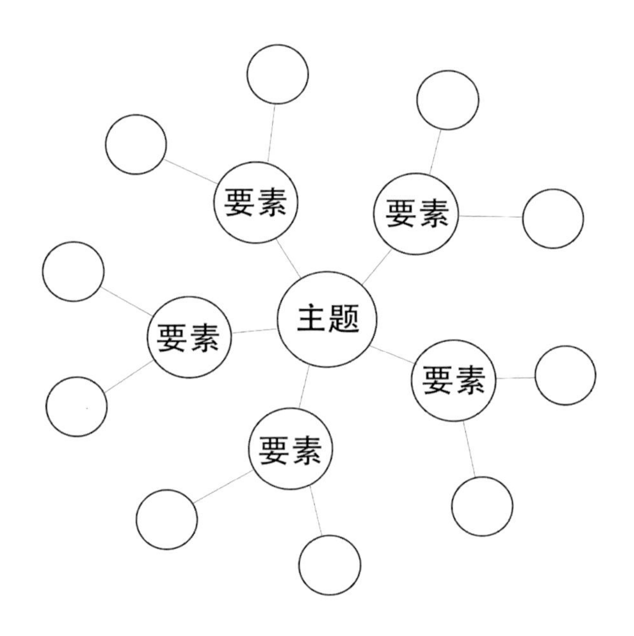

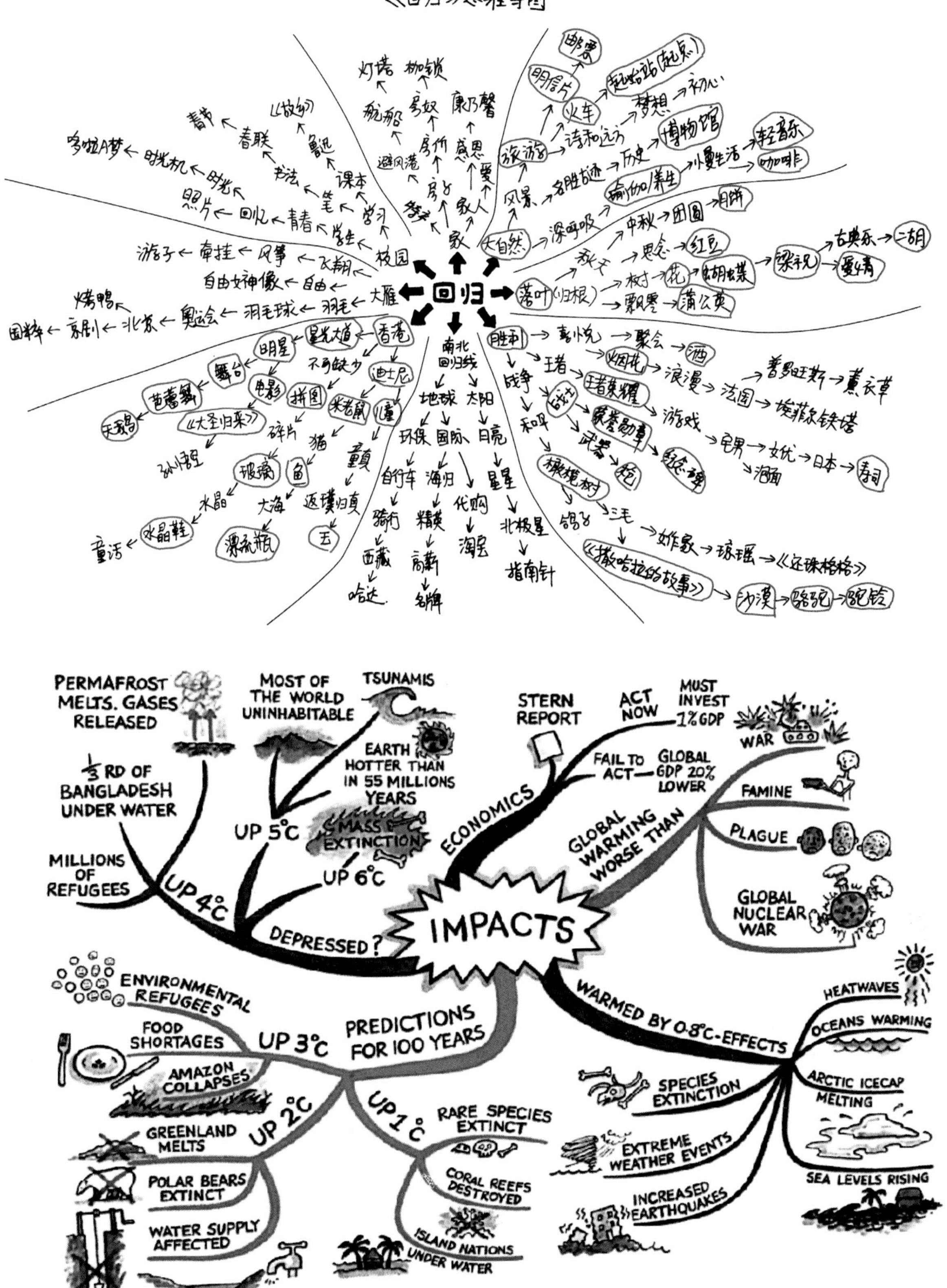
《回归》思维导图
回归
家
校园
大雁
羽毛
南北回归线
胜利
落叶(归根)
大自然
旅游
香港
迪士尼
地球
太阳
月亮
星星
北极星
指南针
和平
战争
王者
中秋
团圆
月饼
红豆
蝴蝶
梁祝
古典乐
二胡
爱情
火车
明信片
邮票
博物馆
历史
轻音乐
咖啡
瑜伽/养生
慢生活
深呼吸
风景
名胜古迹
诗和远方
梦想
初心
春节
春联
书法
课本
学习
学生
青春
回忆
照片
时光
时光机
哆啦A梦
鲁迅
《故乡》
游子
牵挂
风筝
飞翔
自由
自由女神像
烤鸭
国粹
京剧
北京
奥运会
羽毛球
星光大道
明星
舞台
芭蕾舞
天鹅
电影
拼图
米老鼠
《大圣归来》
碎片
孙悟空
猫
童真
鱼
玻璃
水晶
水晶鞋
童话
大海
漂流瓶
返璞归真
玉
环保
国际
自行车
海归
代购
骑行
精英
淘宝
西藏
高薪
哈达
名牌
喜悦
聚会
酒
烟花
浪漫
法国
普罗旺斯
薰衣草
埃菲尔铁塔
王者荣耀
游戏
荣誉勋章
纪念碑
武器
炮
橄榄树
鸽子
三毛
作家
琼瑶
《还珠格格》
《撒哈拉的故事》
沙漠
骆驼
驼铃
日本
寿司
PERMAFROST MELTS. GASES RELEASED
MOST OF THE WORLD UNINHABITABLE
TSUNAMIS
EARTH HOTTER THAN IN 55 MILLIONS YEARS
MASS EXTINCTION
⅓ RD OF BANGLADESH UNDER WATER
MILLIONS OF REFUGEES
UP 5°C
UP 6°C
UP 4°C
DEPRESSED?
IMPACTS
ECONOMICS
STERN REPORT
ACT NOW
MUST INVEST 1% GDP
FAIL TO ACT
GLOBAL GDP 20% LOWER
GLOBAL WARMING WORSE THAN
WAR
FAMINE
PLAGUE
GLOBAL NUCLEAR WAR
ENVIRONMENTAL REFUGEES
FOOD SHORTAGES
AMAZON COLLAPSES
UP 3°C
PREDICTIONS FOR 100 YEARS
UP 2°C
GREENLAND MELTS
POLAR BEARS EXTINCT
WATER SUPPLY AFFECTED
UP 1°C
RARE SPECIES EXTINCT
CORAL REEFS DESTROYED
ISLAND NATIONS UNDER WATER
WARMED BY 0.8°C-EFFECTS
HEATWAVES
OCEANS WARMING
ARCTIC ICECAP MELTING
SEA LEVELS RISING
SPECIES EXTINCTION
EXTREME WEATHER EVENTS
INCREASED EARTHQUAKES

5.2 情境图（故事版）

相关专业机构做过一个研究，在非信息咨询（如看新闻、看论文等）的情况下，用图片或视频等视觉感受强的方式传达的信息比单纯的文字描述更加引人注目，用户获取信息的效率更高。考试当中的故事描述、场景描述用图像化的语言表达远远比用文字表达的效率更高、更生动、带入感更强。

方法说明

什么是情境？

起源：情境即场景，指喜剧舞台的布景。

延伸：情境是指对故事的描述，对故事发生的瞬间或过程的记录，对某些复杂事物简单、直观的转换。

情境可用来描述：

1. 现实的当下。具体问题的视觉化描述，问题发生的过程，相当于场景再现。

2. 合理 / 可能 / 可接受的未来。你设计的产品或服务将会在什么样的环境和情况下使用，把使用场景或使用情境通过故事的方式直观地表达出来。

发现问题
7:05 AM
困。
该洗漱了。
头条新闻：
牙刷用三周，
比马桶水脏
80倍！
呕!!
10:00 PM
早上没来得及晾干
的毛巾，已经有霉味
了!! 天哪!!
卫生间太狭小潮湿，
牙杯牙具还有毛巾都很
潮湿，容易滋生细菌……
该怎么办呢???

实践指南——情境三要素：

1. 角色，包括姓名、年龄、个性等。人物形象的塑造要饱满明确，让人能直观地看出来人物是什么年龄，穿着和配饰能体现出职业和人物个性。

2. 场景，指具体、明确且外在表现的空间、物品等。对故事发生的环境、场景，尽量表现得细致一些，至少把情境图的内容分为三个层次，近景、中景、远景叠加起来，使画面饱满。

3. 行为，指过程，故事的发生过程、产品或服务的使用流程等需要连贯、完整地表达。故事版可辅以适当的文字描述，更加充分、完整地还原场景。

想要在考场上完成高质量的故事版，除了掌握方法之外，还需要平时多积累，有针对性地练习。比如，不同年龄段的人物发型、衣着、表情应该怎样表现；故事发生的不同场景里都有哪些物品、摆设、空间布局等。这些都需要练习，避免考试时无从下手。

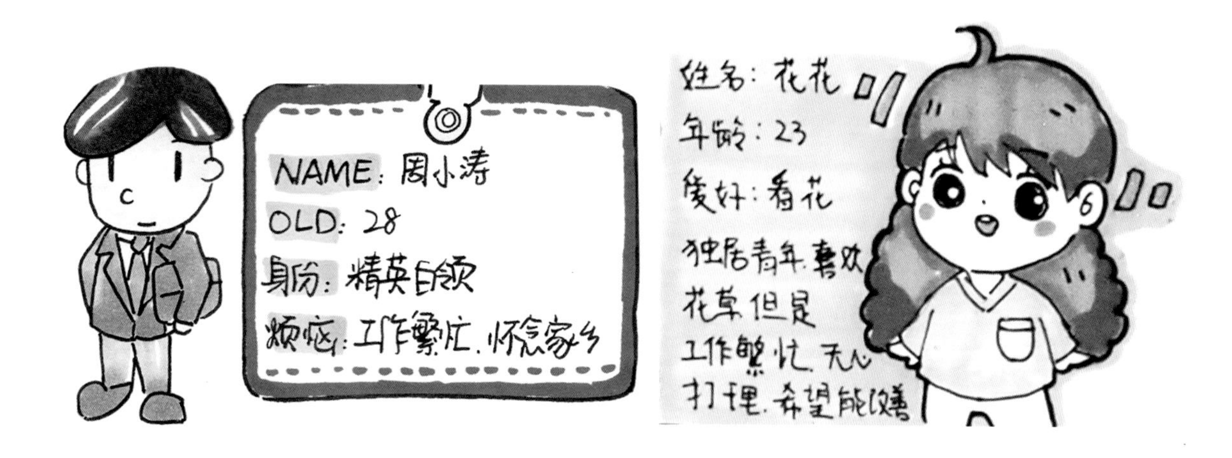

5.3 用户模型的创建

方法说明

什么是用户模型?

理解用户“可以做什么及为什么这样做”是设计师设计产品或服务的关键之一。用户群体是多样且复杂的，不一样的群体对同一个产品或服务的具体要求不尽相同，我们只有确定了目标人群，才能准确、高效地进行设计和服务。

用户模型就是设定一个具体的、强有力的形式来表达目标用户，是目标人群的象征性代表。在设计实践中，准确的用户模型会贯穿在整个产品开发流程中。

实践指南

怎样设定一个合理的用户模型?

建立用户模型可以从以下几个方面入手。

1. 他 / 她是谁：

关于他 / 她的名字、性别、年龄、婚姻状况、职业、收入等基本人物信息。

2. 他 / 她的工作：

工作占据了每个人相当一部分时间，他 / 她在哪个行业，哪个职位，同事关系如何，职业生涯潜力怎样，换过多少工作等。

3. 他 / 她的生活：

平常的生活状态，包括有无房产、家庭关系、喜欢的活动、爱好等。

4. 根据产品方向的不同，可能会需要添加以下几个方面的内容：如何进行社交、如何进行交流、如何获取信息、如何进行购物等。

故事一：白领 / 颈椎病 / 通宵

故事二：孕妇 / 买菜

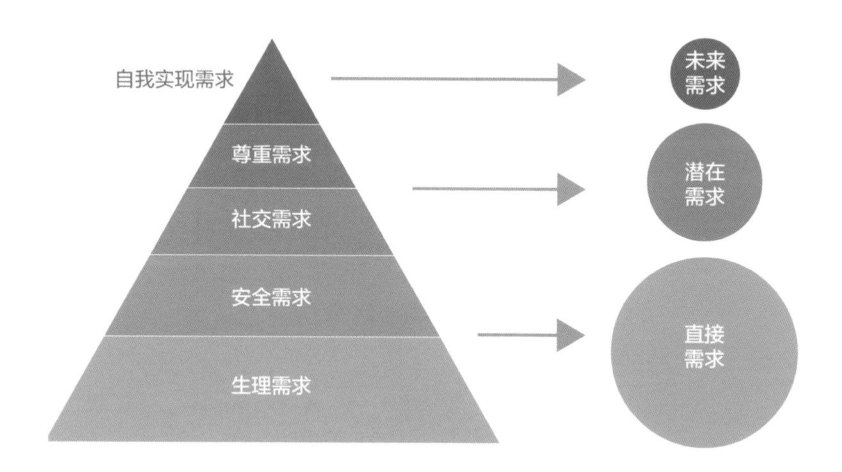

5.4 马斯洛需求层次理论分析法

方法说明

亚伯拉罕 · 马斯洛 1943 年在《人类激励理论》中提出：人类需求像阶梯一样从低到高按层次分为五种，分别是：生理需求、安全需求、社交需求、尊重需求和自我实现需求。

在设计活动中，此方法用于分析用户需求，越往上走，人的需求层级越高。在满足了基本的生理、安全需求之后，人肯定会有待满足的更高层级的需求。

以水杯为例，一、二层级的生理需求和安全需求对应用户对产品的直接功能需求，如水杯能盛水、喝水，使用安全。三、四层级的社交需求和尊重需求对应用户对产品的潜在功能需求，如用户买水杯会精挑细选外观，因为它代表个人的品位、风格个性，大部分人都希望别人夸自己的杯子好看，寻求群体归属感。第五层级的自我实现需求对应用户对产品的未来功能需求，如用户为了保持身体健康需要定时喝水，那么水杯的提醒功能就是用户对产品更高的期待与要求。

实践指南

考试时最好不要画规整的表格，在不影响信息传达的条件下，自己需进行可视化设计，让视觉感受更加舒服。可视化表达也是体现设计能力的重要方面。

5.5 5W2H 分析法

方法说明

5W2H 分析法又叫七何分析法，是第二次世界大战中美国陆军兵器修理部首创。简单、方便，易于理解、使用，富有启发意义，广泛用于企业管理和技术活动，同样适用于设计活动，有助于弥补考虑问题的疏漏。发明者用 5 个以 W 开头的英语单词和 2 个以 H 开头的英语单词进行设问，发现解决问题的线索，寻找发明思路，进行设计构思，这就叫作 5W2H 分析法。

在设计活动中，此方法主要用于分析与产品紧密相关的各周边要素。

实践指南

在设计活动的情境下，这几个设问的意思分别是：

WHAT：这是什么产品？功能是？

WHO：目标用户是谁？

HOW?：怎样使用？怎样实现功能？

WHY：为什么进行这样的设计？解决了什么问题？

WHEN：什么时候会使用？

WHERE：在什么场景下会使用？

HOW MUCH：产品成本和销售价格大概是多少？

相似的用于分析产品的方法还有 UACPT 分析法，首字母分别表示 User（用户）、Activity（活动）、Context（使用情境）、Product（产品）、Technology（支撑技术）。

可视化呈现都需要自己设计，无统一标准，但是不能喧宾夺主，过分表现会影响内容的传达，适当即可。

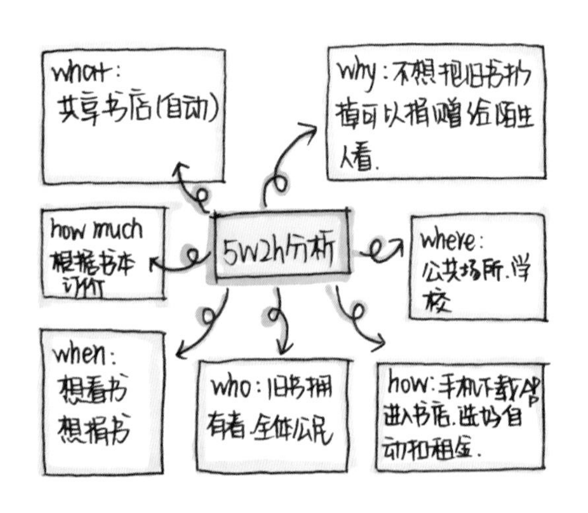

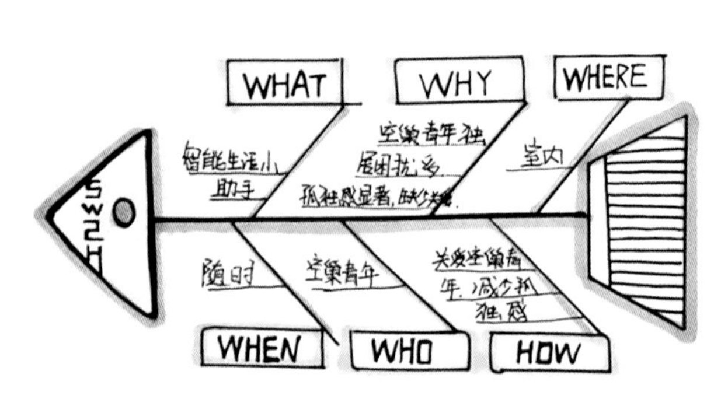

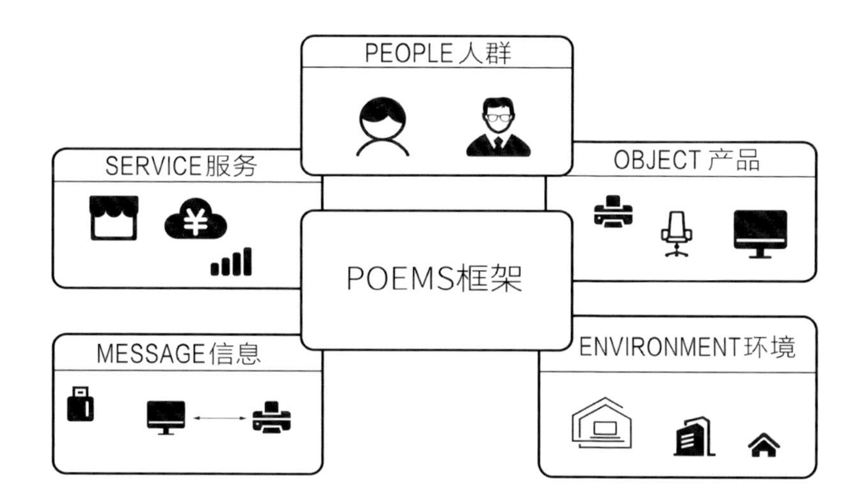

5.6 POEMS 框架

方法说明

POEMS 框架用于分析研究环境（用户使用产品的特定场景）中的人群、物品、环境、信息和服务，促成设计者全局视野的观察和分析。

当研究某产品时，视野不能局限于 Object （产品）本身，也需要观察与产品相关的 Service（服务）、Message（信息）、Environment（环境）和 People（人群），它们共同构成了该产品的使用环境。

实践指南

人群：使用情境中存在哪些类型的人群？学生？医生？老人？工程师？以及他们为什么会在这里，尽可能列举出所有可能参与的人群类型。

物品：环境中有哪些物品？电脑？鼠标？盆栽？水杯？笔？这些物品如何分类？它们之间有何联系？

环境：产品的使用或服务在哪些场所展开？家庭？教室？办公室？把特征鲜明的场所都列举出来。

信息：人们在环境中的活动发生了哪些信息流动？是通过怎样的方式传播的？上网搜索？读说明书？问其他人？

服务：环境中存在哪些不同类型的服务？网络？交易？购买？运送？将各种服务列举出来。

这些内容可以用图画表达（辅以适当文字），也可以用文字表达。

5.7 方案评估矩阵

方法说明

顾名思义，方案评估矩阵就是用来对设计方案进行多维度评估的，评估维度主要从设计方案创造的用户价值和商业价值两个方向展开。根据多维度评分来绘制示意图，明确地展示几个设计方案之间的优劣关系。

在考试中，方案评估矩阵用于对设计提案（小方案）的评估，综合得分最高的方案就是最终选择进行详细表达的方案。

实践指南

1. 创建用户价值评估标准和商业价值评估标准

用户价值标准需列举产品对目标用户来讲最为重要的特点和益处，包括便于应用、储存或美学标准方面，如“安全”“性价比”“使用寿命”“个性外观”等，具体的标准需根据设计方向来灵活制定。商业价值标准需列举产品对供应商及其利益相关者最为重要的益处，如“成本适当”“盈利”“品牌表现力”等等。

2. 创建设计方案评估矩阵并打分

将列举出来的用户价值评估标准和商业价值评估标准以及不同方案分别填入矩阵的横向和纵向，分别打分并计算每一个方案的用户价值和商业价值的总得分。一般情况下，采用五分制计分即可。也可用可视化的图形来表示不同的得分。

	商业价值			用户价值			
	成本	盈利	品牌表现力	安全	性价比	外观	使用寿命
方案1	3	4	5	5	4	3	5
方案2	4	4	4	5	3	5	5
方案3	3	3	4	5	4	4	4

	商业价值			用户价值			
	成本	盈利	品牌表现力	安全	性价比	外观	使用寿命
方案1	3分	4分	5分	5分	4分	3分	5分
方案2	4分	4分	4分	5分	3分	5分	5分
方案3	3分	3分	4分	5分	4分	4分	4分

5分　4分　3分　2分　1分

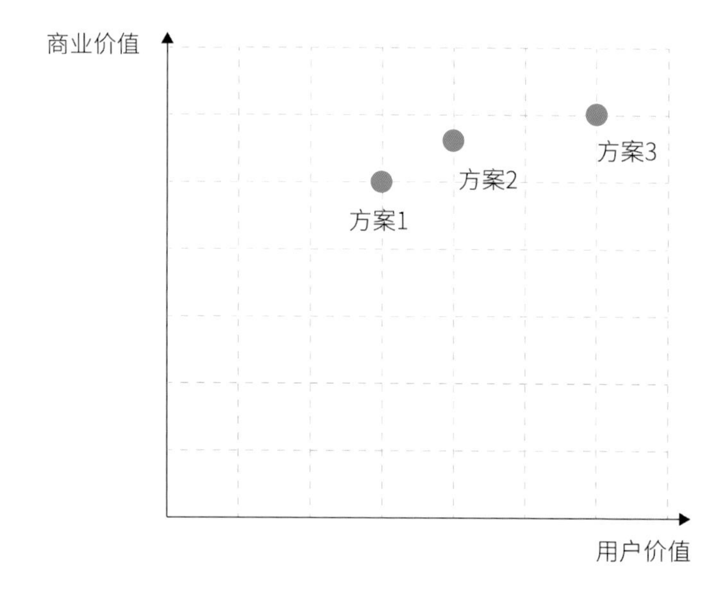

3. 创建示意图

将用户价值和商业价值作为横轴和纵轴，根据得分，将代表不同方案的图例置于图中相应的位置。这样，不同方案之间的对比一目了然。

一般情况下，高价值三角区中右上角的方案是最具有优势的，因为它的用户价值和商业价值相对于其他方案来讲都是最高的。在设计实践中，低价值三角区中的方案也具有一定的借鉴价值。
方案评估体现的是选择最终方案的理由，而不是任意决断的。

5.8 用户体验地图

从用户角度出发，以叙述故事的方式描述用户使用产品或接受服务的体验情况，以可视化图形的方式展示，从中发现用户在整个使用过程中的“痛点”和满意点，最后提炼出产品或服务中的优化点、设计的机会点，以此提高设计的介入方式，从而以更直观的方式展示给使用者和其他用户。设计参与前与参与后的区别，形成鲜明对比。

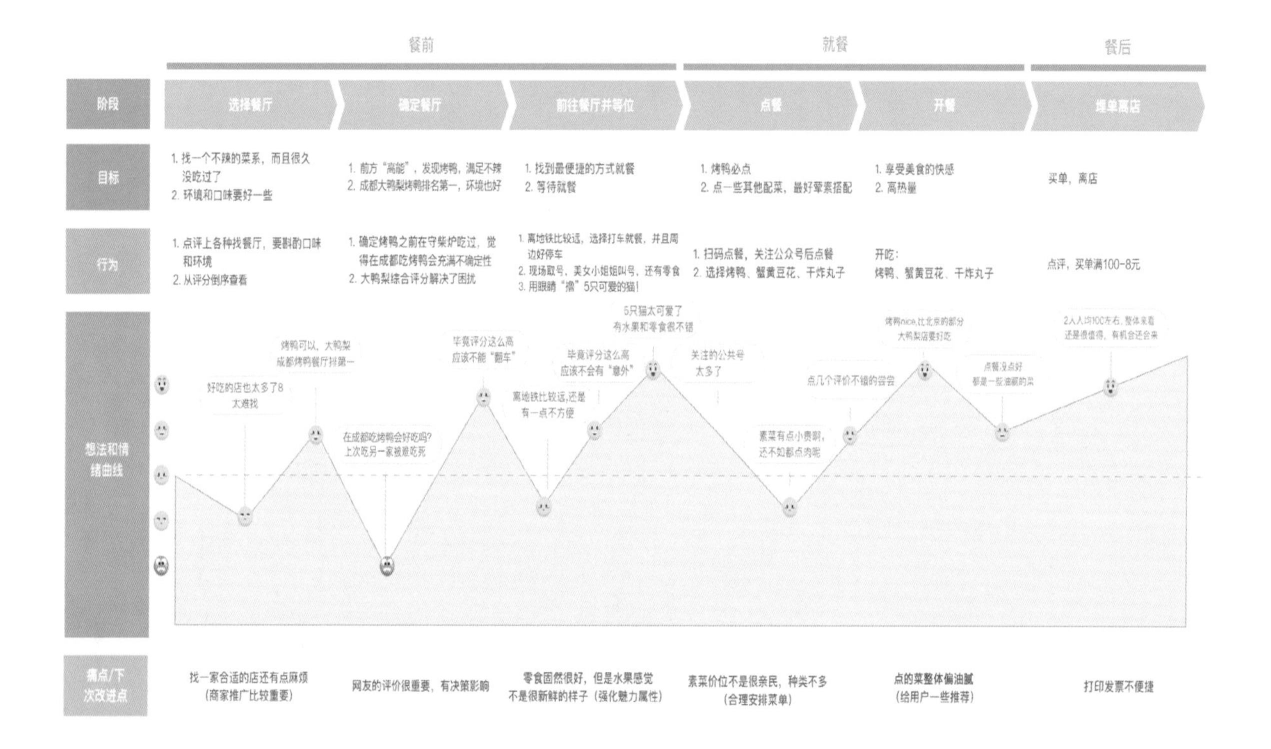

完整讲述一个行为的全部过程（以时间段为点），并用表情表示在完成这个行为的过程中心情的变化及原因。用来更好地展现在行为过程中，哪些时间点或行为会引起心情变化或产生设计的介入点。

在快题考试中，用户体验地图也是老师比较期待的问题分析的一种展现方式，相对于纯文字，该方法更加偏向于将发现的问题和解决方式进行可视化表达。在较短的阅卷中，可以更快速、便捷地表达设计师的想法。

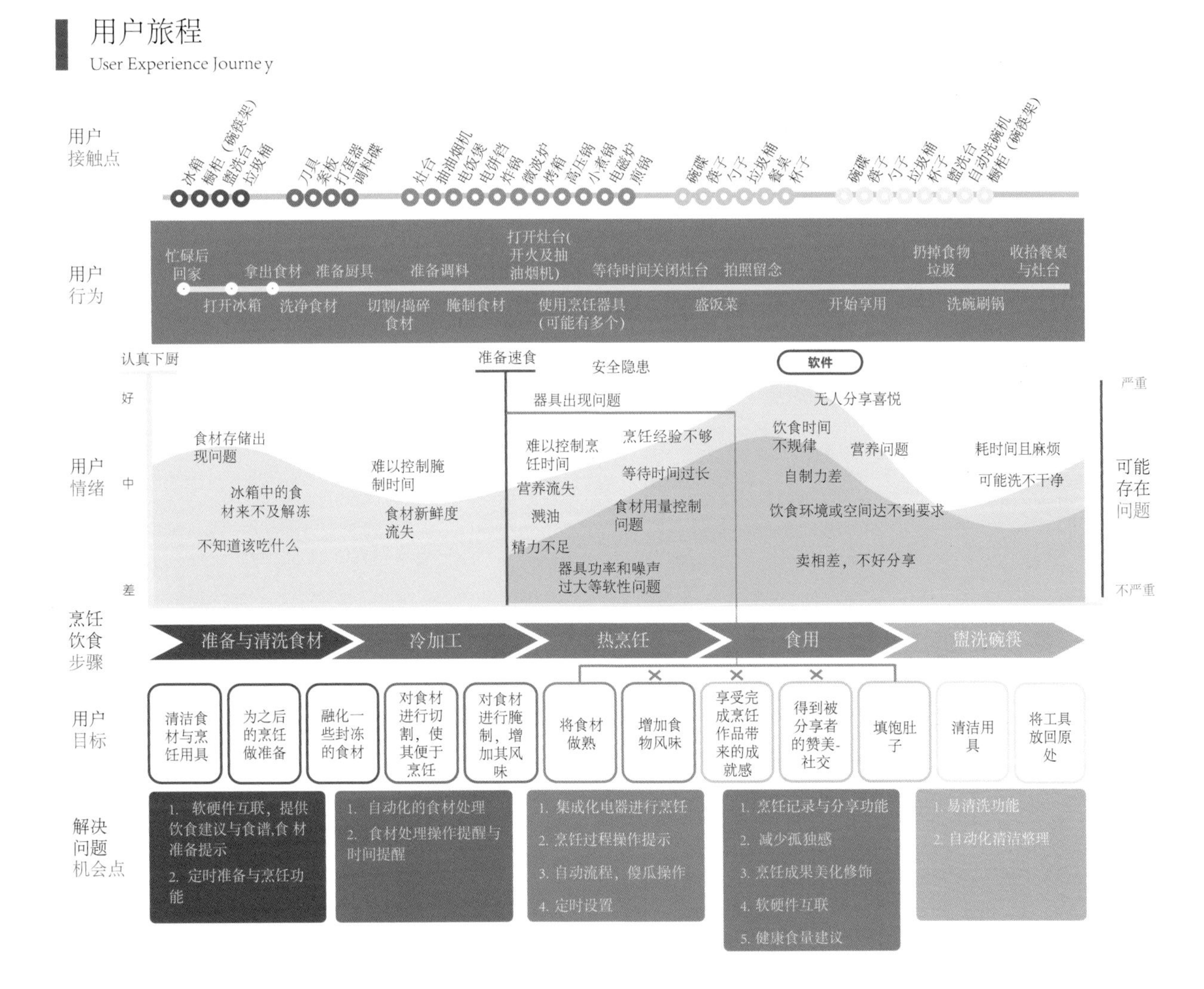

以糖尿病患者为主题的工作坊用户地图案例展示：
纵轴：相关利益者
横轴：使用某产品的流程 / 一个时间周期

通过时间节点对应的不同状态，分析各阶段不同人群的行为和情绪，找出相交的地方，发掘设计的机会点，分析出哪些时刻用户情绪低落，并挖掘低落的原因以及设计缺失，从而寻找机会点，即可成为设计点。

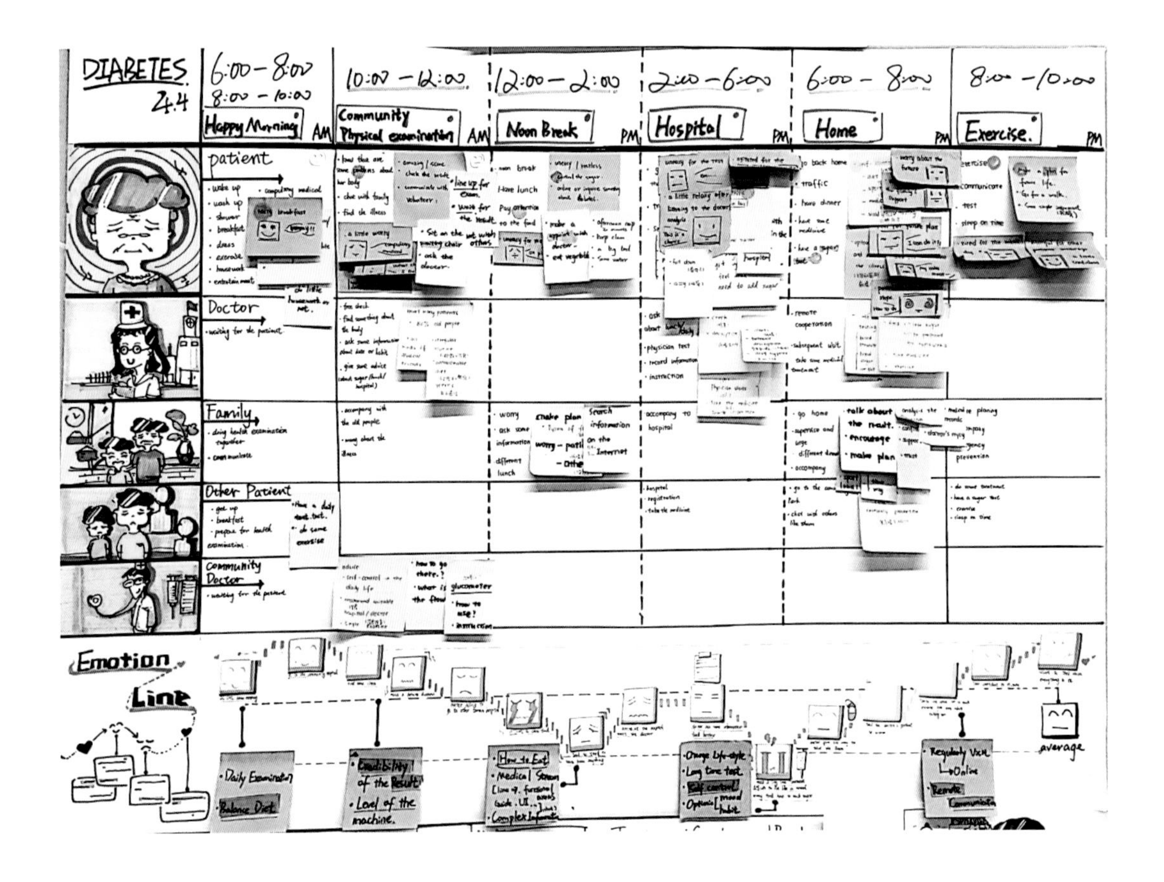

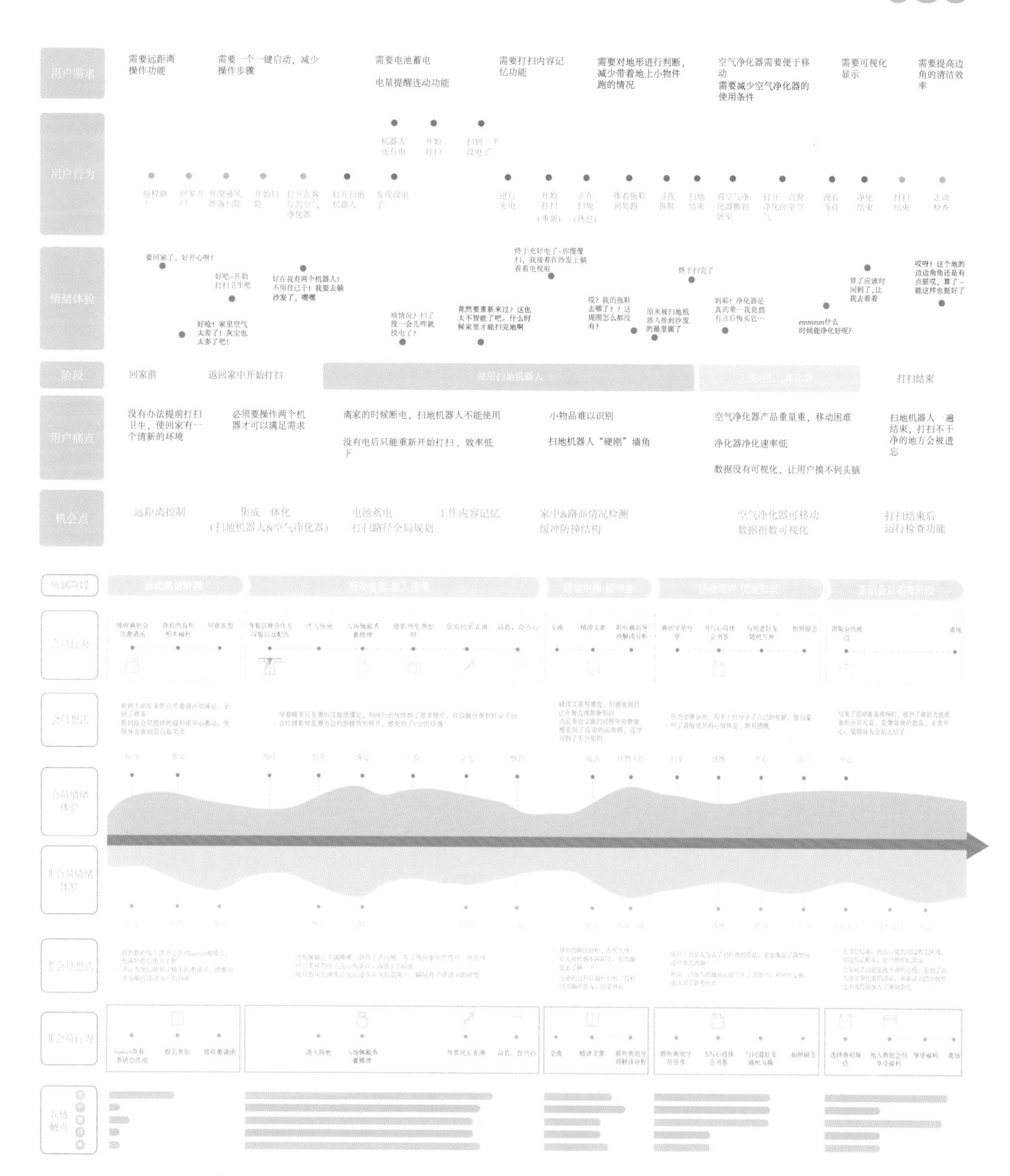

用户体验地图案例分析：

上图为基于光催化技术的清洁管家机器人产品设计用户旅程图；

下图为典则读书 APP 交互与线下服务设计用户旅程图。

5.9 系统图

系统图，简单来说， 当某一目的较难达成，一时又想不出较好的方法，或当某一结果令人失望，却又找不到根本原因时，建议应用系统图。通过系统图，你一定会豁然开朗，原来复杂的问题简单化了，找不到原因的问题解决了。 系统图就是为了达成目标或解决问题，以目的—方法或结果—原因层层展开分析，以寻找最恰当的方法和最根本的原因，因此系统图在企业界也被广泛应用。

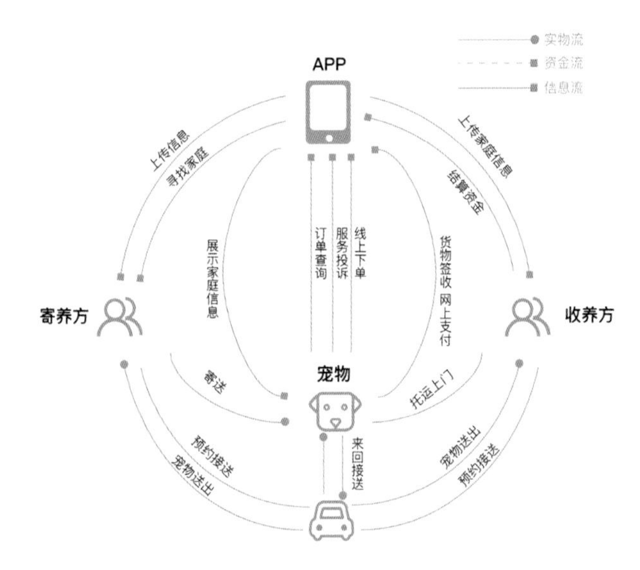

以快递服务为例，不单单是产品层面，而是存在于一个大的系统中，分析产品的相关利益者、参与社会机构、产品之间的相互联系。

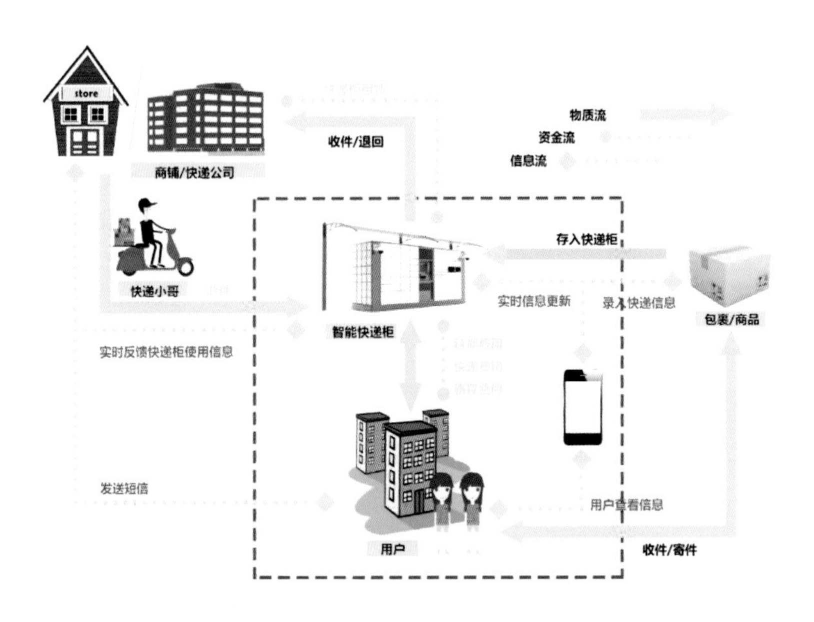

5.10 战略轮分析法

战略轮分析法也称产品设计分析雷达图，是以相对稳定的词语去定义自己设计出来的产品，通常用在小方案筛选的过程中，可以更加直观地看出，哪一套方案更符合设计产出的需要。

可用词语：色彩、材质、情感、创新、环保、功能、环境、能源、外观、材料、结构、肌理（文字部分可根据版面和时间空余酌情安排）。

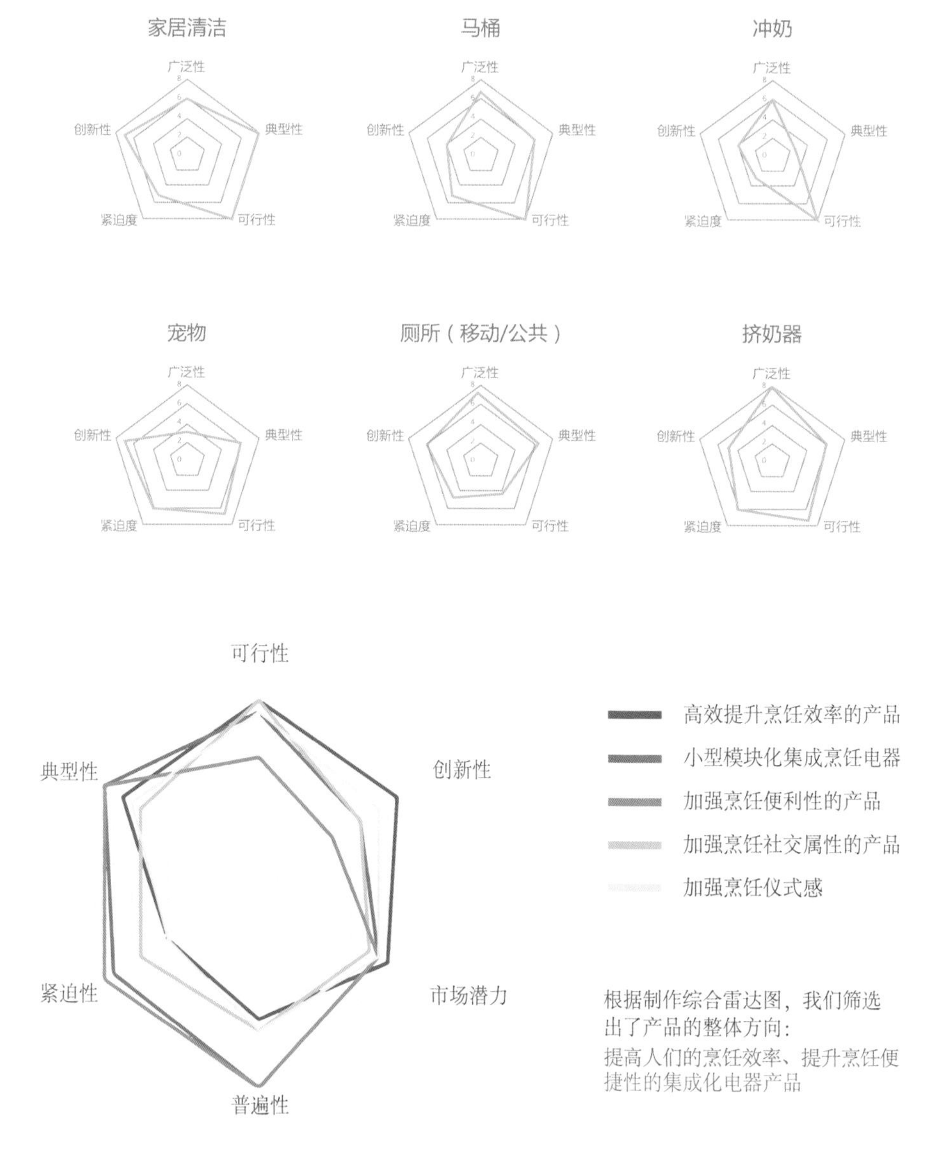

根据制作综合雷达图，我们筛选出了产品的整体方向：
提高人们的烹饪效率、提升烹饪便捷性的集成化电器产品

5.11 PEST 分析法

PEST 分析是一个被广泛使用的工具，PEST 分析是指宏观环境的分析，P 是政治 (Politics)，E 是经济 (Economy)，S 是社会 (Society)，T 是技术 (Technology)。在分析一个企业集团所处的背景时，通常是通过这四个因素来分析企业集团所面临的状况，以此帮助企业了解产品所面临的机遇与挑战，并加以利用。

在我们设计产品的初期阶段或是在快题的发现问题阶段去使用，发现机遇或威胁因素，在前期的分析问题中不断贴近设计需求点，从而衍生出更有创意、更符合人们使用习惯的产品。

政治	经济
环保制度、税收政策、国际贸易章程与限制、合同执行法、消费者保护法、雇佣法律、政府组织 / 态度、竞争规则、政治稳定习性、安全规定等	经济增长、利率与货币政策、政府开支、失业政策、征税、汇率、通货膨胀率、商业周期的所处阶段、消费者信心等

PEST 分析法

收入分布、人口统计、人口增长率与年龄分布、劳动力与社会流动性、生活方式变革、职业与休闲态度、企业家精神、教育、潮流风尚、健康意识、社会福利、生活条件等	政府研究开支、产业技术关注、新型发明与技术发展、技术转让率、技术更新速度与生命周期、能源利用与成本、信息技术变革、互联网的变革、移动技术变革等
社会	技术

下图是以顺丰快递企业为目标进行分析：

P E S T

政治 Politics

有利条件

政局相对稳定，人民安居乐业，非常有利于企业营销和发展；

“十二五”规划草案，大力推广快递服务；

新《中华人民共和国邮政法》正式出台，提供法律保障；

《快递业务经营许可管理办法》规范准入规则；

邮政部门政企分离改革，打破垄断

不利条件

政策上的高门槛；

欧盟碳交易体系、低碳政策的约束；

中国快递业准入规则的放宽；

不完全的政企分离工作

经济 Economy

有利条件

改革开放带来经济的飞速发展；

人们生活、消费水平的提高；

电子商务发展，网购狂热；

地区间业务往来频繁；

中国快递协会成立，保障快递企业权益

不利条件

外企的竞争，民营快递夹缝中生存；

快递市场“入世”之后完全对外资开放

社会 Society

有利条件

消费者消费、生活习惯改变；

网购成为一种潮流；

空闲时间增多带来闲暇消费效应；

人员流动加大，带来契机；

为了接受更好的服务，情愿花费更多的钱

不利条件

对社会责任的关注，对企业考核更多；

更追求个性、挑剔；

知识水平提高，对服务的要求越来越高；

仍存在对快递不放心的思想

技术 Technology

有利条件

飞速发展的电子信息和通讯技术的支持；

运输技术、库存技术、装卸技术、包装技术等日趋成熟，并且呈现机械化、智能化趋势；

信息管理系统可选择性增多；

技术人才供给越来越多

不利条件

对知识管理系统的要求越来越高；

绿色经济要求企业更新普运系统，开发环保技术

第 5 章课后作业

作业内容：

A. 与宠物同行

B. 创意文具设计

C. 共生设计

D. 为老年人设计

E. 旅用产品设计

1. 从以上 5 个题目着手，依次练习第 5 章所提到的设计方法；
2. 复习第 4 章的内容，根据五大题目完成 5 张小快题设计。

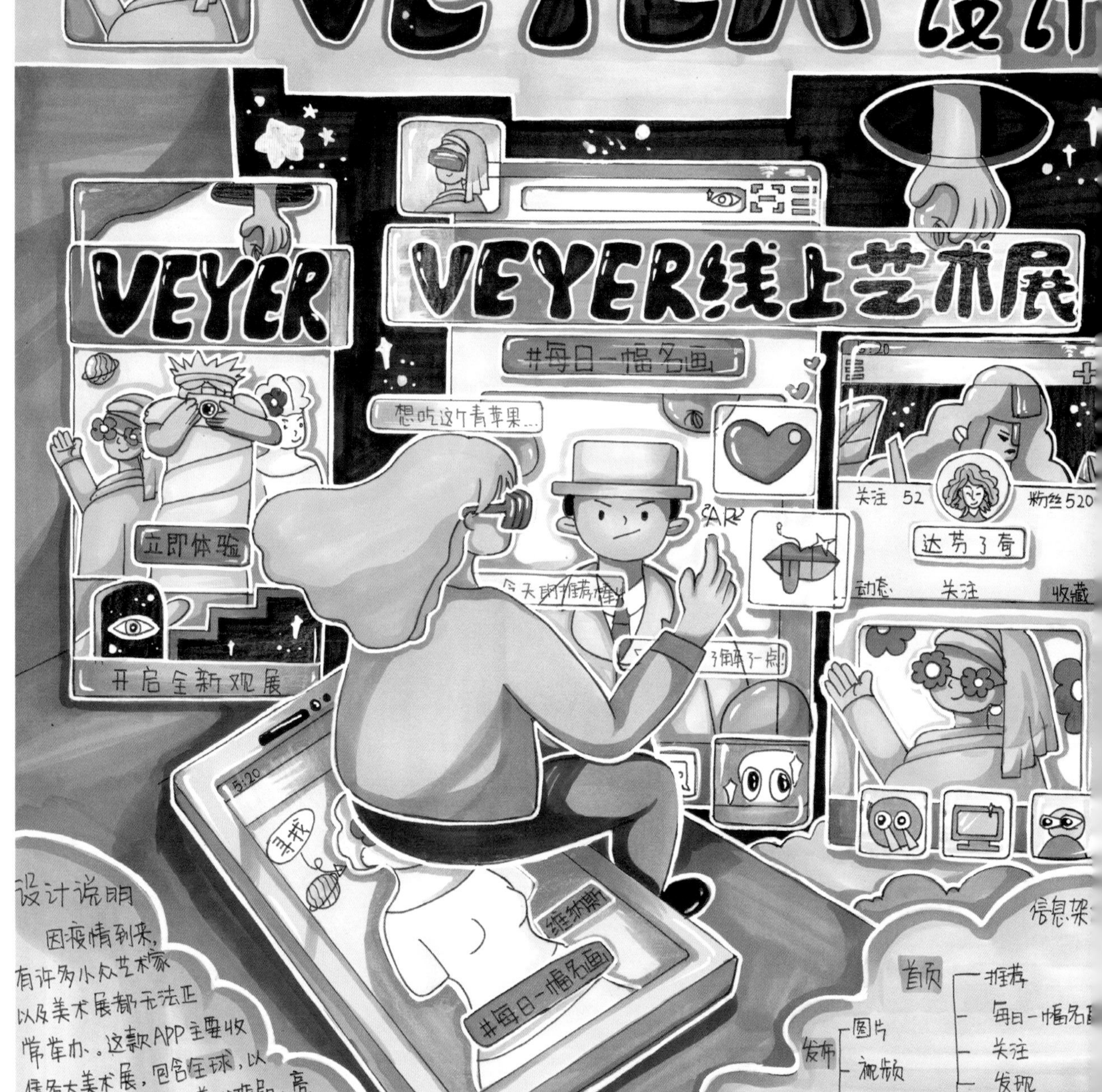

VEYER
UI
设计
VEYER
VEYER线上艺术展
#每日一幅名画
想吃这个青苹果...
关注 52
粉丝520
达芬了奇
动态
关注
收藏
立即体验
开启全新观展
AR
今天的推荐楼
多了解了一点!
5:20
寻找
维纳斯
#每日一幅名画
设计说明
因疫情到来，
有许多小众艺术家
以及美术展都无法正
常举办。这款APP主要收
集各大美术展，包含全球，以
及小众艺术家们的美术作品，亮
点就是可以开启AR观看模式，让
用户身临其境去感受艺术的气息。
还有一个日推话题为"#每日一幅
名画"，内容包含了作家的信息以及创
作此画的背景信息，让用户可以多了解一点
艺术画作。
张泽迈 7.25
信息架
首页
推荐
每日一幅名
关注
发现
扫码发现
发布
图片
视频
文字
圈子
热点
画圈
定位
画展定位
预约线下
消息
点赞
评论
私信
系统消息
我的
关注
用户
话题
粉丝
收藏
展览
动态
我的动态

第 6 章 APP 设计表达方法和原则

6.1 交互信息构架

注重以下几个要素：

1. 注重设计产品的层级结构，可以从设计想法出发，从上级到下级，一步一步细化到每个功能模块。
2. 突出重点模块。由于绘制界面时各部分较为均衡，更加不易突出设计亮点，所以在设计产品的重点模块时要更加突出。
3. 注重检查流程的合理性。这一点要注意多积累平时使用 APP 时的一些经验，让操作更流畅自然，更近符合人的本能。避免一些不人性化的操作。

● 以一款国民通识教育软件APP交互与线下服务设计为例

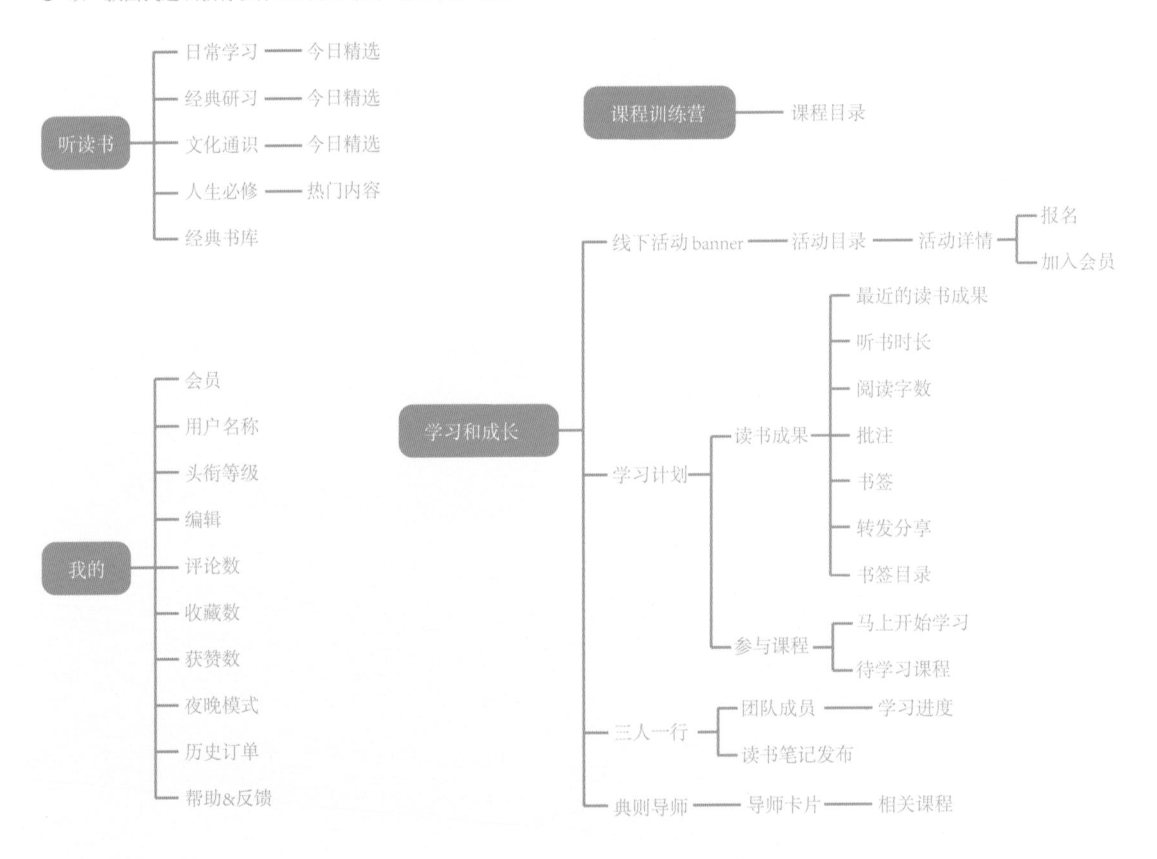

6.2 低保真线框图

低保真线框图又叫原型图，也称作交互原型，一般由交互设计师完成，完整的 UCD 团队一般会先出低保真图，然后再出高保真图（视觉稿）。

低保真原型使产品设计前期能够避免过度浪费和过度思考，在过少的资源和过多的用户检验中找到一个平衡点。通过建立一个实用和初期的产品原型，更快地在早期设计过程中发现潜在问题和更有效的解决方案。

在关于交互设计的考卷中，在画最终方案前应绘制低保真线框图来保证设计的结构完整和合理性。此外，低保真图也是最先表达出界面差异化的工具，依靠最简单的信息展示与流程展示，最直接地讲述发生变化的核心交互部分。

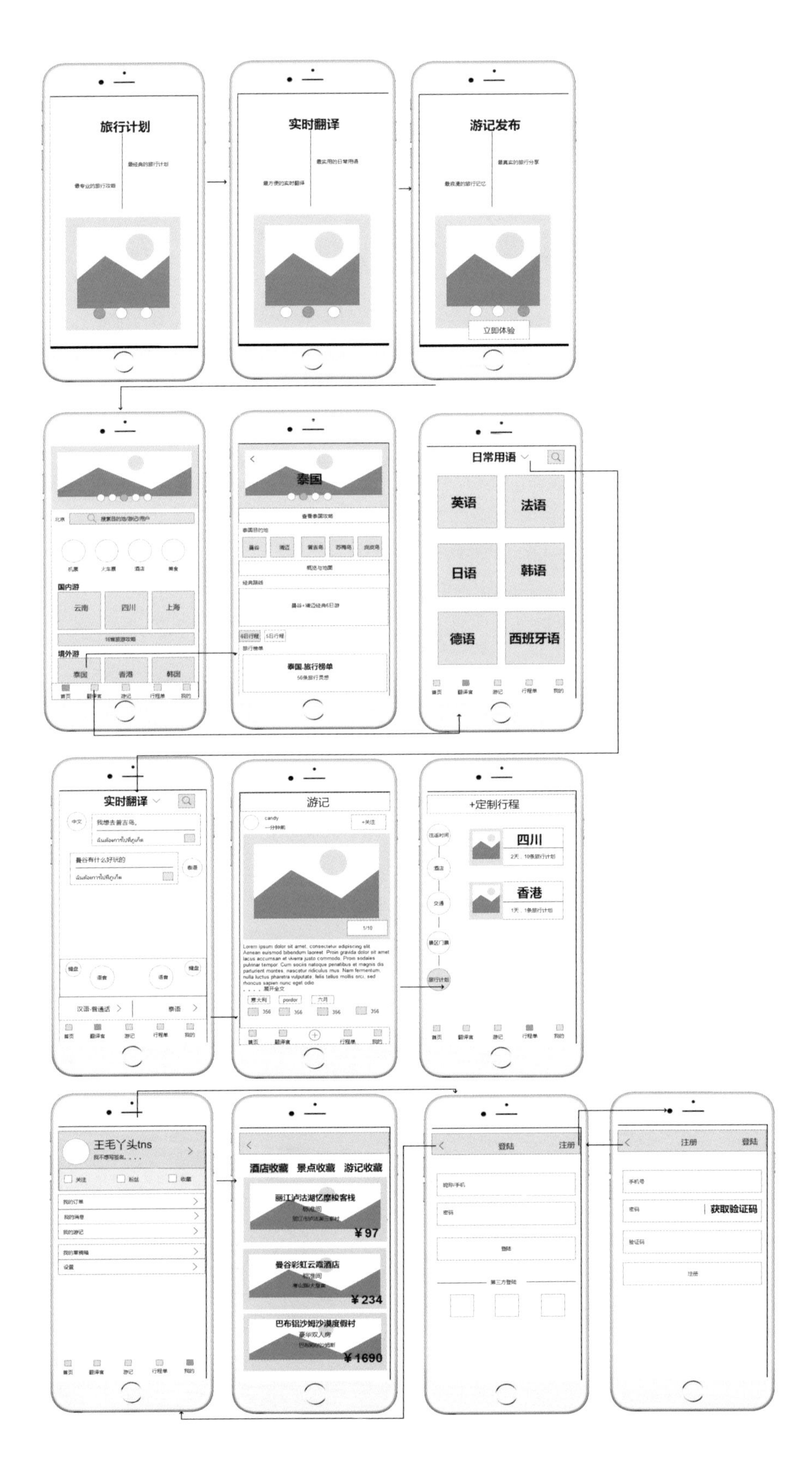

旅行计划
实时翻译
游记发布
立即体验
泰国
日常用语
英语
法语
日语
韩语
德语
西班牙语
国内游
云南
四川
上海
境外游
泰国
香港
韩国
泰国·旅行榜单
实时翻译
游记
+定制行程
四川
香港
王毛丫头tns
酒店收藏
景点收藏
游记收藏
丽江泸沽湖亿摩梭客栈
¥97
曼谷彩虹云霓酒店
¥234
巴布铝沙姆沙漠度假村
¥1690
登陆
注册
获取验证码

6.3 高保真原型

高保真原型即最终期望达到的和产品实际运行时一样的状态，也就是你的最终方案，拥有完善的产品的流程、逻辑、布局、视觉效果、操作状态。

由于不像产品手绘一样拥有很多功能细节和外在结构。高保真的手绘更多需要的是内容上的结构布局，以及页面跳转方式。细节更多表现在精致的图标设计以及颜色布局上，不同的颜色选择会给最后的展示效果带来不同的氛围代入感。

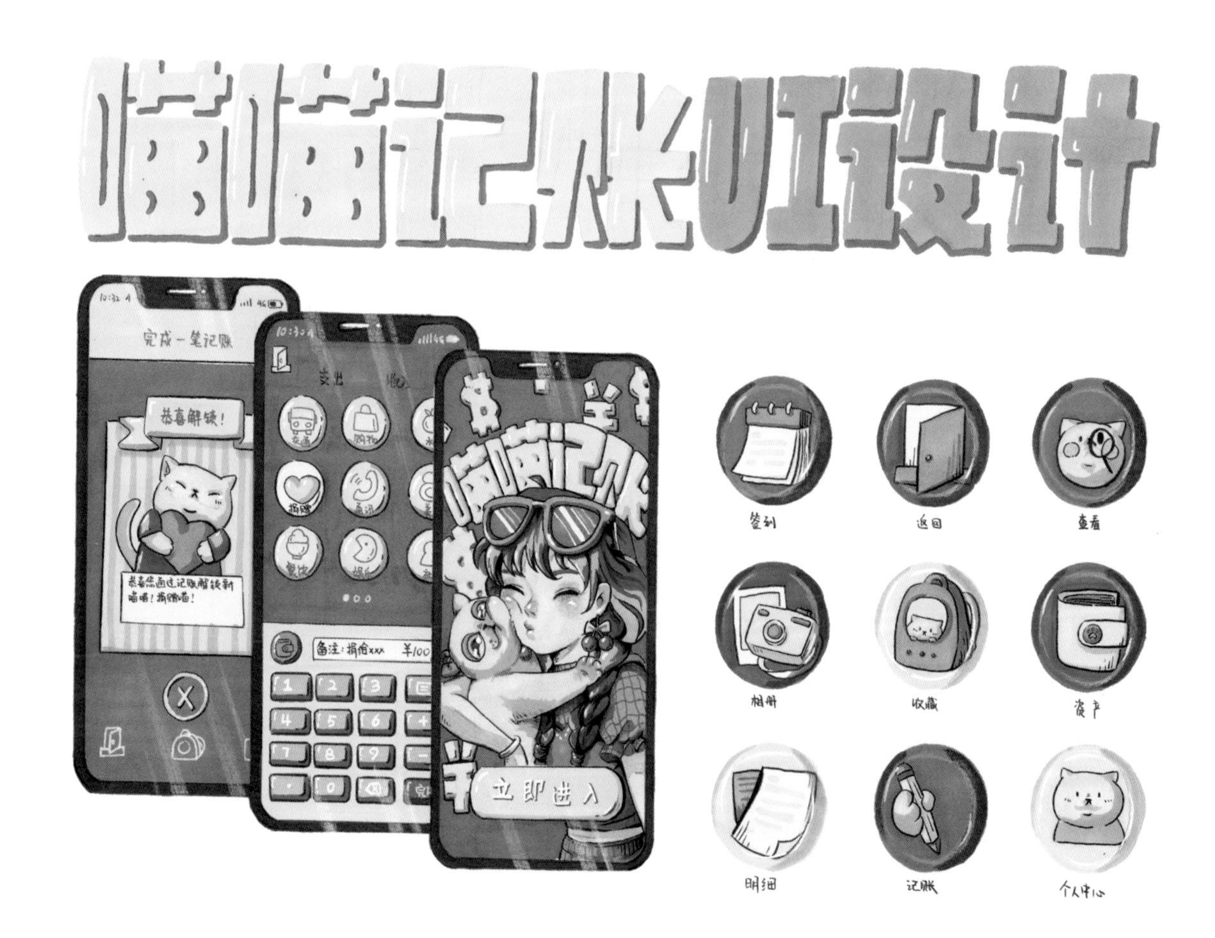

6.4 不可忽视的细节

好的交互设计需要既能达到商业化目的，也要满足用户的使用习惯。比如按键的大小排布是否符合人机关系，按键所处的位置是否为最佳触碰点。

内容排布上是否符合阅读习惯，是否简化了操作步骤，合并类似功能模块等。

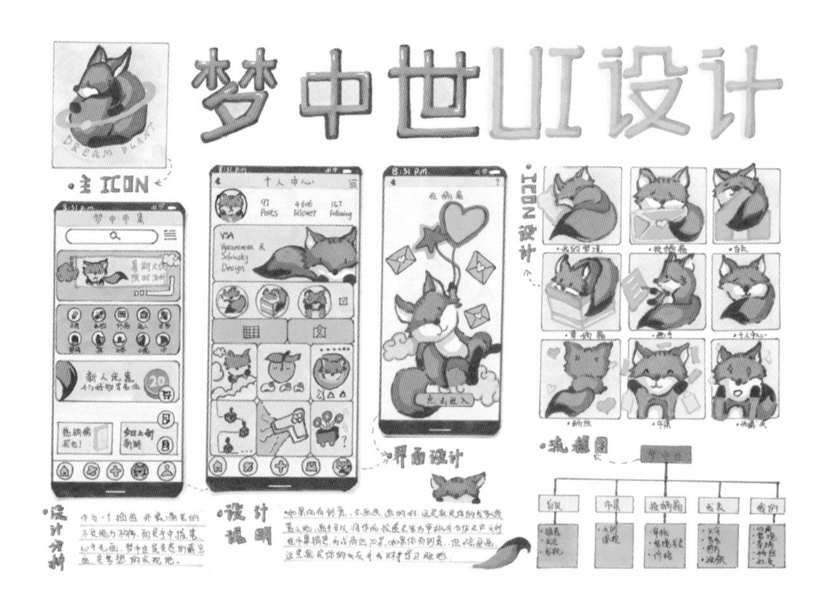

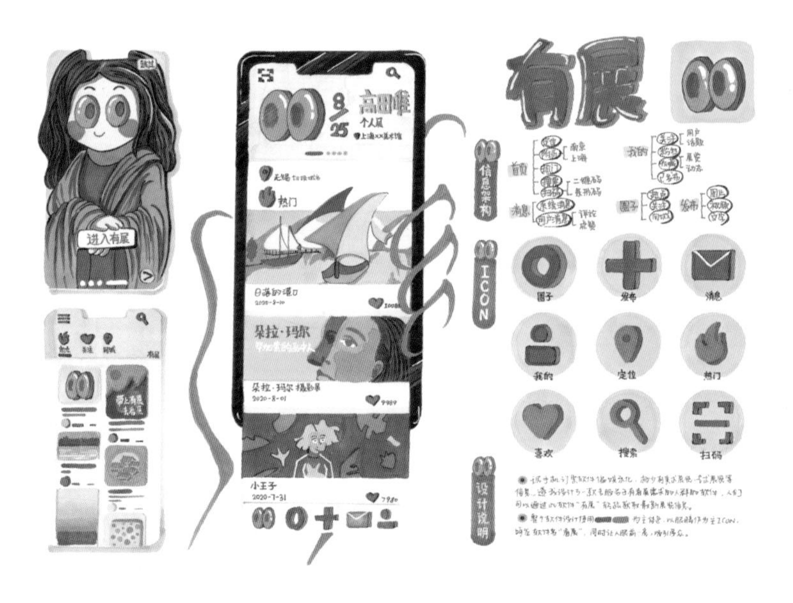

6.5 常用的图标和元素

在进行交互设计手绘时，需要多参考目前智能产品的界面风格，以及功能排布习惯，适当累积优秀的素材。如图标和一些设计元素、不同的信息排版方式等。

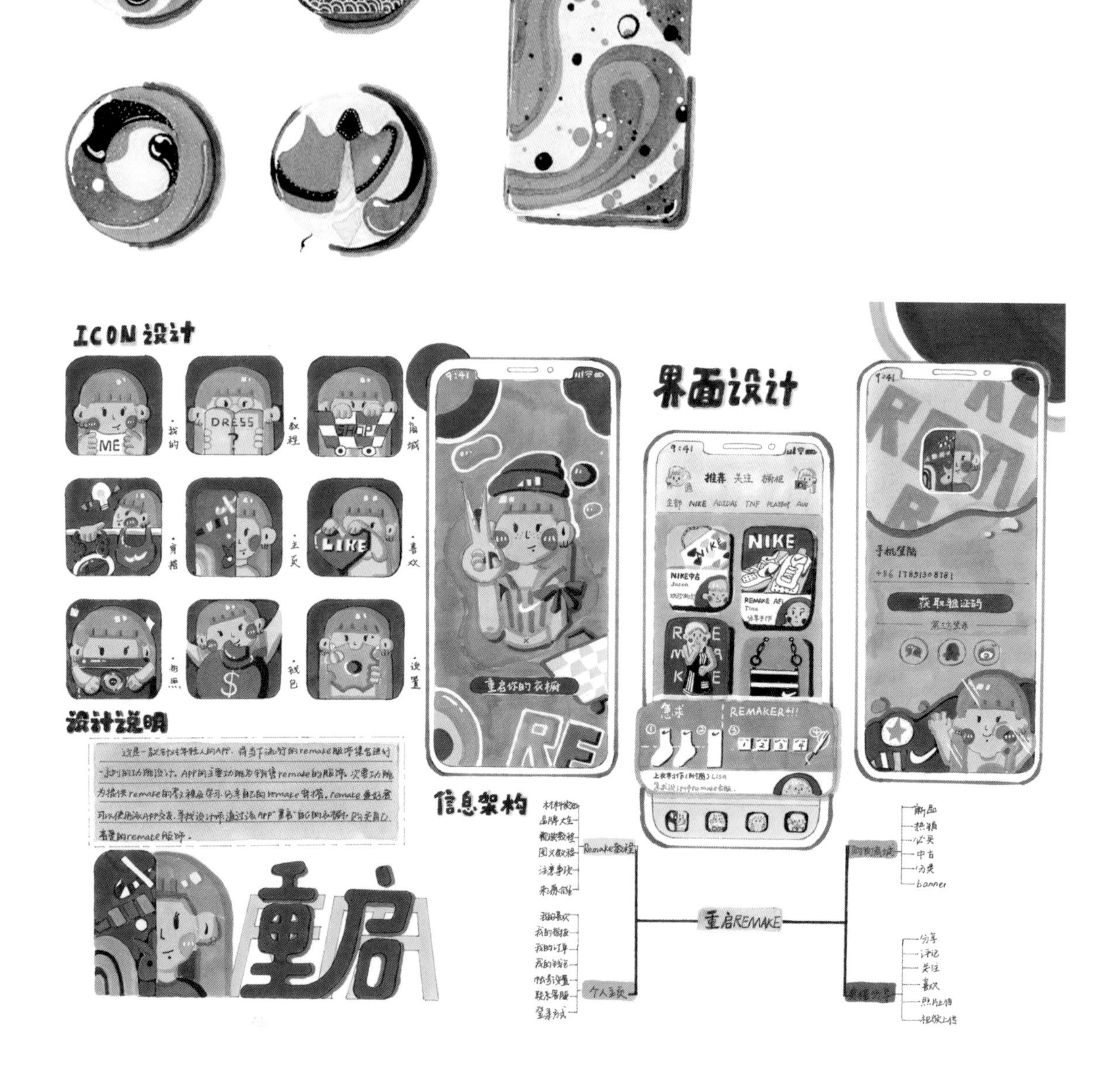

6.6 相关优秀作品

家味
位置
搜索
主页
猜你喜欢—推荐用户可能喜欢的食物
附近主妇—推送距离近的主妇
发现—推送用户可能感兴趣的内容
家味
上传
拍照、
视频
分享食物、推荐主妇
消息—用户与食客和主妇交流
我的
功能区1—用户的关注、点赞、收藏
功能区2—订单、评价、设置
家味
妈妈的味道
登录/注册
以游客身份浏览
icon
猜你喜欢
附近主妇
发现
保鲜
清新炒秋葵 ¥16.0
来自:蓝天白云
食客动态
可接
官方已认证主妇
身体健康
擅长的菜
评价
需求预定
点过
推荐
新菜
青菜
肉菜
汤菜
红烧排骨
¥45.0
炒豆角
¥15.0
绿豆芽炒豆腐皮
我的位置
主页
上传
消息
我的
支付

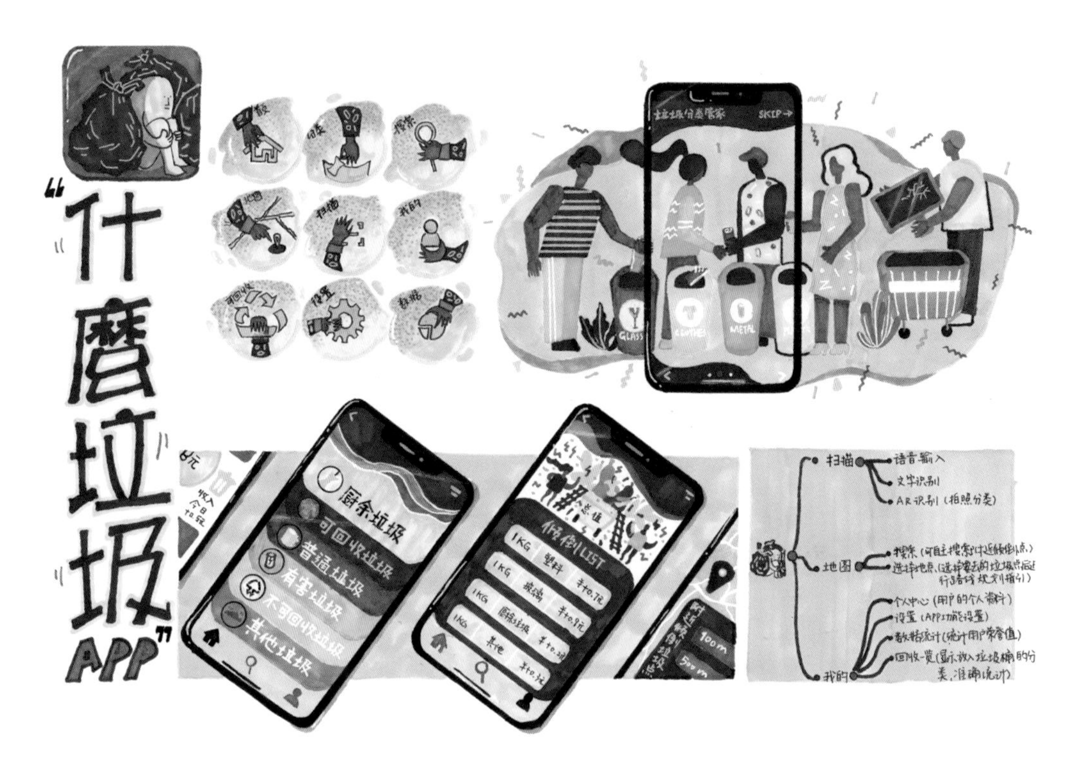

信息构架

真啤APP
- 点酒
  - 立即下单
  - 酒吧定位
  - 我的订单
- 查酒
  - 酒品分类
  - 入门学习
  - 新品上市
- 社区
  - 感观评价
  - 发布评价
- 我的
  - 我的喜欢
  - 个人信息
  - 帐号设置
  - 关于

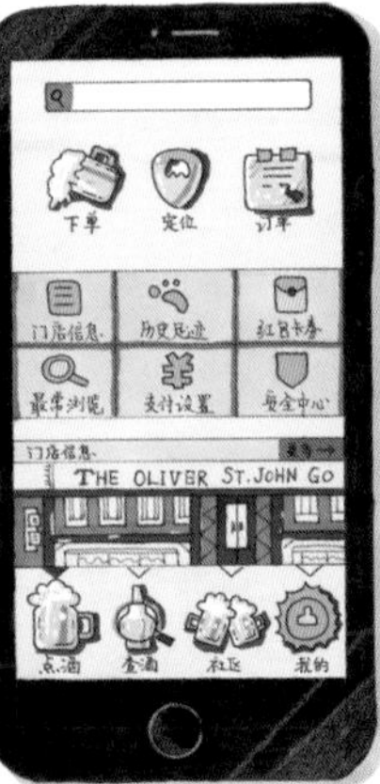

真啤

设计说明

酒吧的菜单上，总是出现许多令人费解的酒的名称，尤其对于不太了解酒的朋友，十分不友好。

真啤APP专门针对该细分市场，提供酒吧点酒辅助功能，用户可以通过该APP了解到不同酒品的详细信息以及口感答数，快捷地选中自己心仪的酒。

真啤APP还具备"入门学习"和"社区"两个独特功能，"入门学习"帮助新用户迅速了解啤酒知识，社区则可以浏览或发布感观评价。

社区

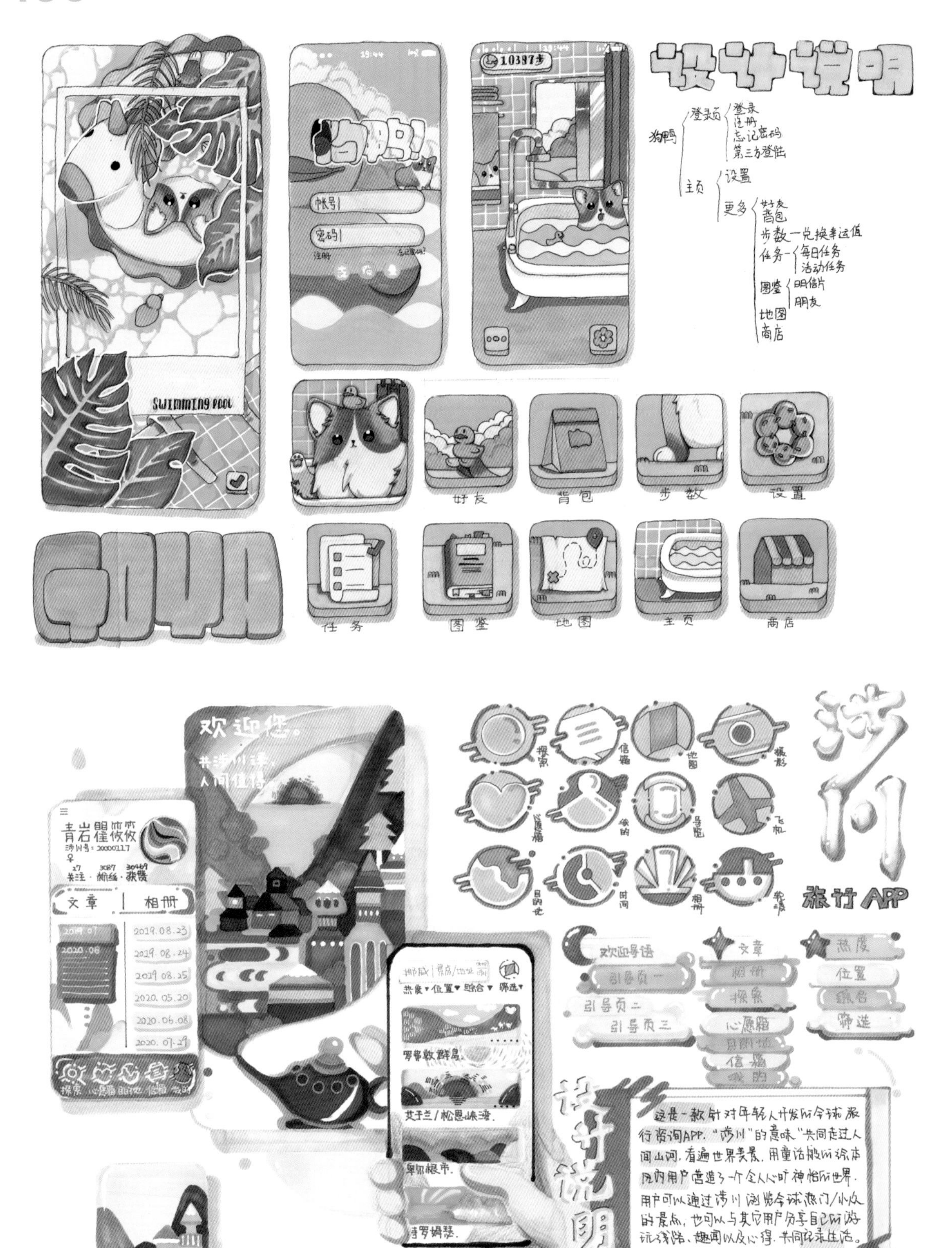
设计说明
狗鸭
登录页
登录
注册
忘记密码
第三方登陆
主页
设置
更多
好友
背包
步数—兑换幸运值
任务—每日任务
活动任务
图鉴—明信片
朋友
地图
商店
10397步
帐号
密码
SWIMMING POOL
GOUA
好友
背包
步数
设置
任务
图鉴
地图
主页
商店
欢迎您。
共涉川译，
人间值得。
青岩僅攸攸
文章
相册
2019.08.23
2019.08.24
2019.08.25
2020.05.20
2020.06.08
2020.07.29
罗弗敦群岛.
艾于兰/松恩峡湾.
阜尔根市.
涉川
旅行APP
欢迎导语
引导页一
引导页二
引导页三
文章
相册
搜索
心愿箱
目的地
信箱
我的
热度
位置
综合
筛选
设计说明
这是一款针对年轻人开发的全球旅行资询APP."涉川"的意味"共同走过人间山河,看遍世界美景.用童话般的绘本风为用户营造了一个令人心旷神怡的世界.
用户可以通过涉川浏览全球热门/小众的景点,也可以与其它用户分享自己的游玩线路、趣闻以及心得.共同记录生活。

第 6 章课后作业

作业内容:

A. 低碳生活

B. 智能厨房

C. 移动生活

D. 为设计师而设计

E. 休息类公共设施

1. 临摹完整的 3 套交互 APP 图标。
2. 根据以上 5 个题目进行交互方向的快题思路练习，练习的主要内容为交互框架，每个产品不少于 5 张手绘高保真图以及 APP 图标设计。

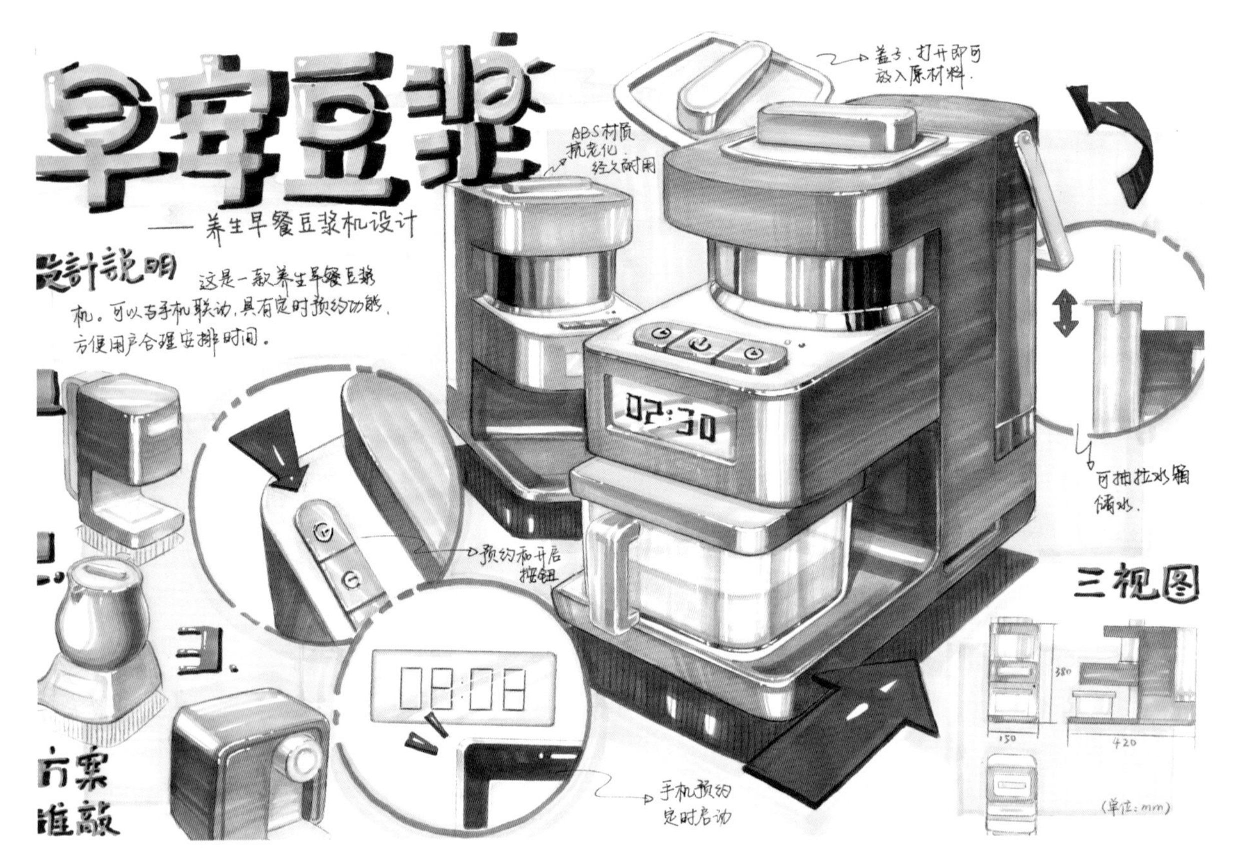
早餐豆浆
—— 养生早餐豆浆机设计
計說明
这是一款养生早餐豆浆机。可以与手机联动，具有定时预约功能，方便用户合理安排时间。
ABS材质
抗老化
经久耐用
盖子，打开即可放入原材料。
可抽拉水箱储水。
02:30
预约和开启按钮
08:08
手机预约定时启动
三视图
380
150
420
(单位：mm)

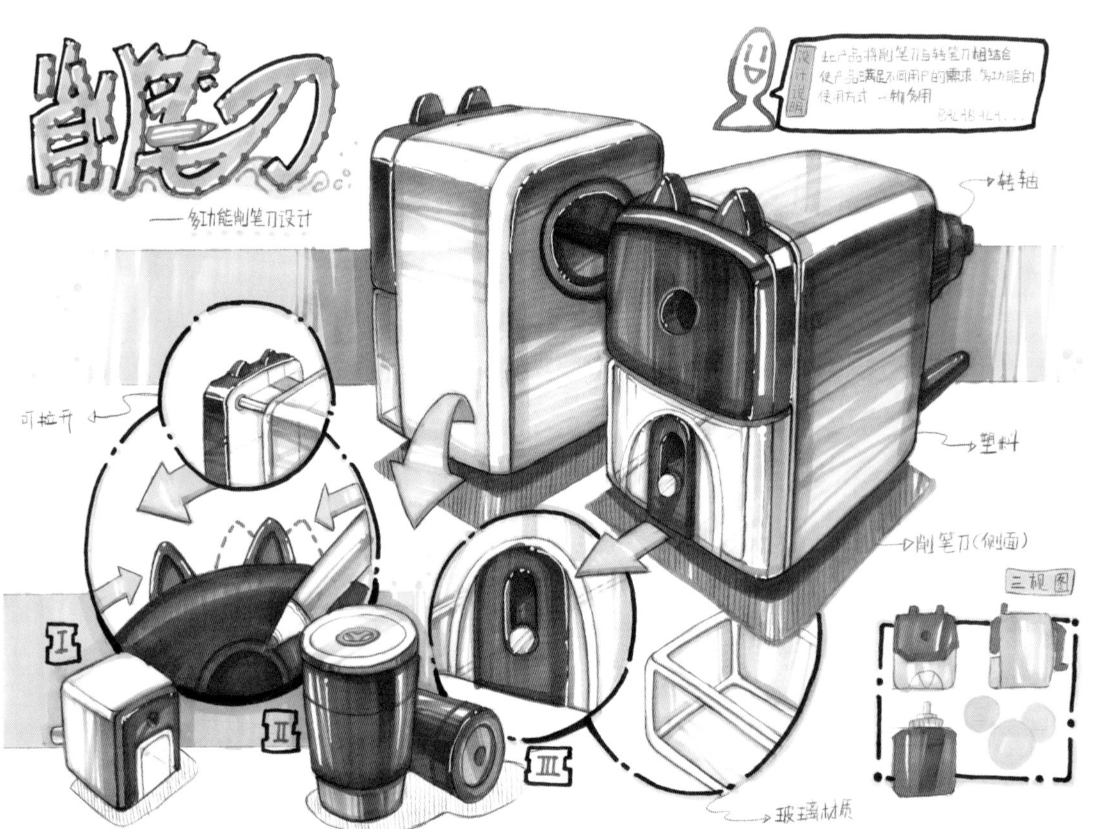
削笔刀
—— 多功能削笔刀设计
设计说明
此产品将削笔刀与转笔刀相结合
使产品满足不同用户的需求 多功能的使用方式 一物多用
BALABALA...
转轴
可拉开
塑料
削笔刀(侧面)
三视图
Ⅰ
Ⅱ
Ⅲ
玻璃材质

第 7 章 快题考试版面内容

7.1 设计思路的呈现

在考研手绘中，在卷面上完整而清晰地体现出设计思路是很重要的，如何让阅卷老师在短时间内理解你的设计想法，表现出严密的逻辑能力更容易为手绘加分。需要注意以下几点：

1. 注意设计分析部分的思路流程，一般的思维步骤是从设计问题的发现和提出，再到设计问题的分析归纳，最后到设计方案的提出，绘制小方案的草图。

2. 这个思路流程不但要兼顾到，而且要在卷面上更加符合阅读者的阅读习惯，如从左至右、从上往下等。

3. 合理地运用箭头和连接符号，穿插在设计分析及草图展示的各个模块，箭头就像试卷的导视，增加试卷各个部分的联系，也是对设计能力的一个考验。

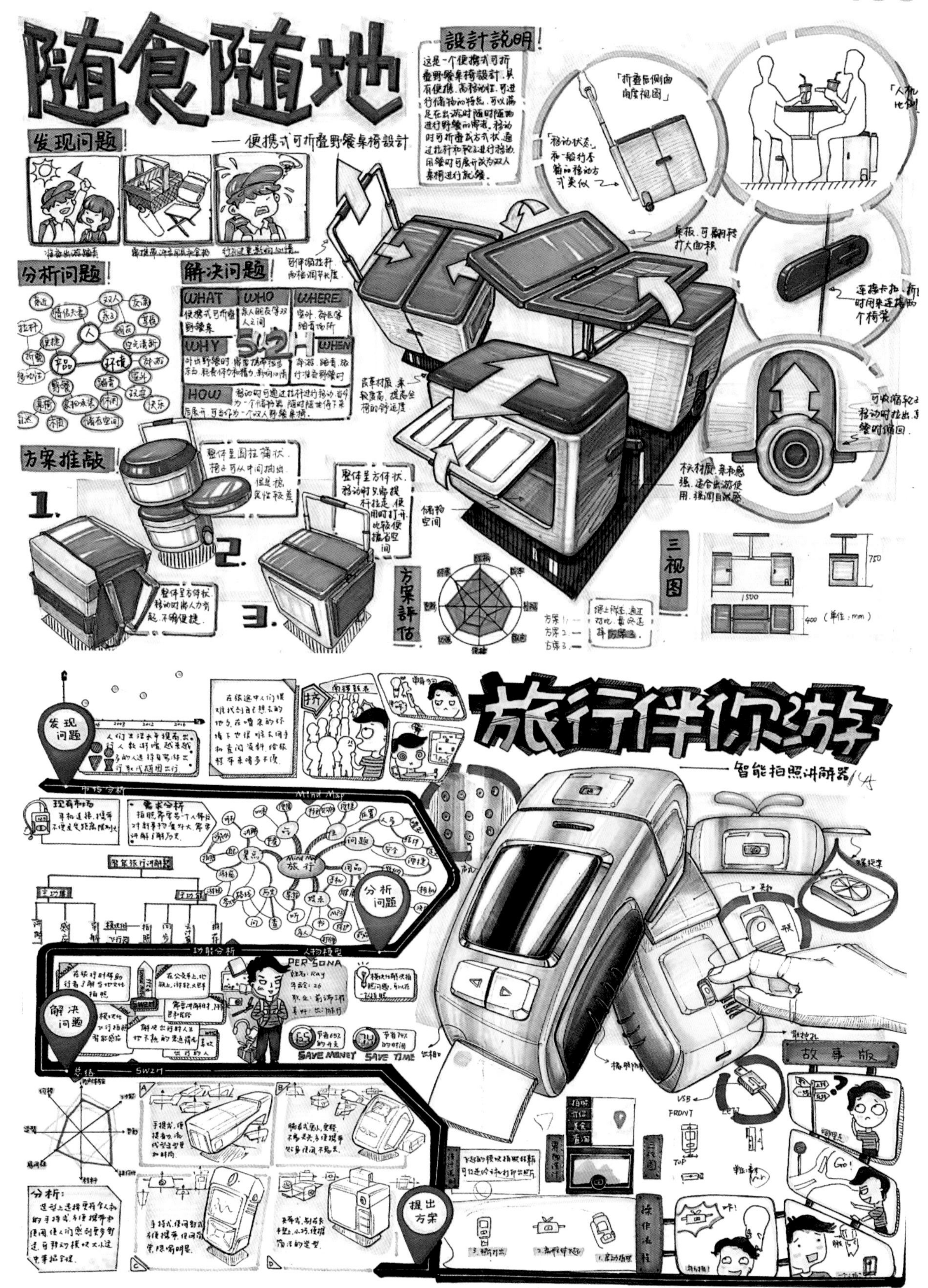

随食随地
——便携式可折叠野餐桌椅设计
设計說明!
这是一个便携式可折叠野餐桌椅設計，具有便携、高移动性、可进行储物的特点，可以满足在出游时随时随地进行野餐的需求。移动时可折叠成方形状，通过拉杆和轮子进行移动。用餐时可展开成为双人桌椅进行就餐。
「折叠后侧面向度视图」
「移动状态」 和一般行李箱的移动方式类似
桌板，可翻转打大面积
发现问题
分析问题
解决问题
WHAT
WHO
WHERE
WHY
WHEN
HOW
便携式可折叠野餐桌
亲人朋友等双人之间
5W2H
方案推敲
1.
2.
3.
整体呈圆柱筒状，椅子可从中间抽出。
整体呈方体状，移动时只需提杆拉走，使用时打开。
整体呈方体状，移动时需人力背起，不够便捷。
储物空间
方案評估
方案1
方案2
方案3
三视图
1500
750
400 (单位：mm)
旅行伴你游
——智能拍照讲解器
发现问题
分析问题
解决问题
提出方案
Mind Map
旅行
PERSONA
姓名：Ray
年龄：26
SAVE MONEY
SAVE TIME
SW2H
分析：
USB
FRONT
TOP
故事版
Go!
操作流程

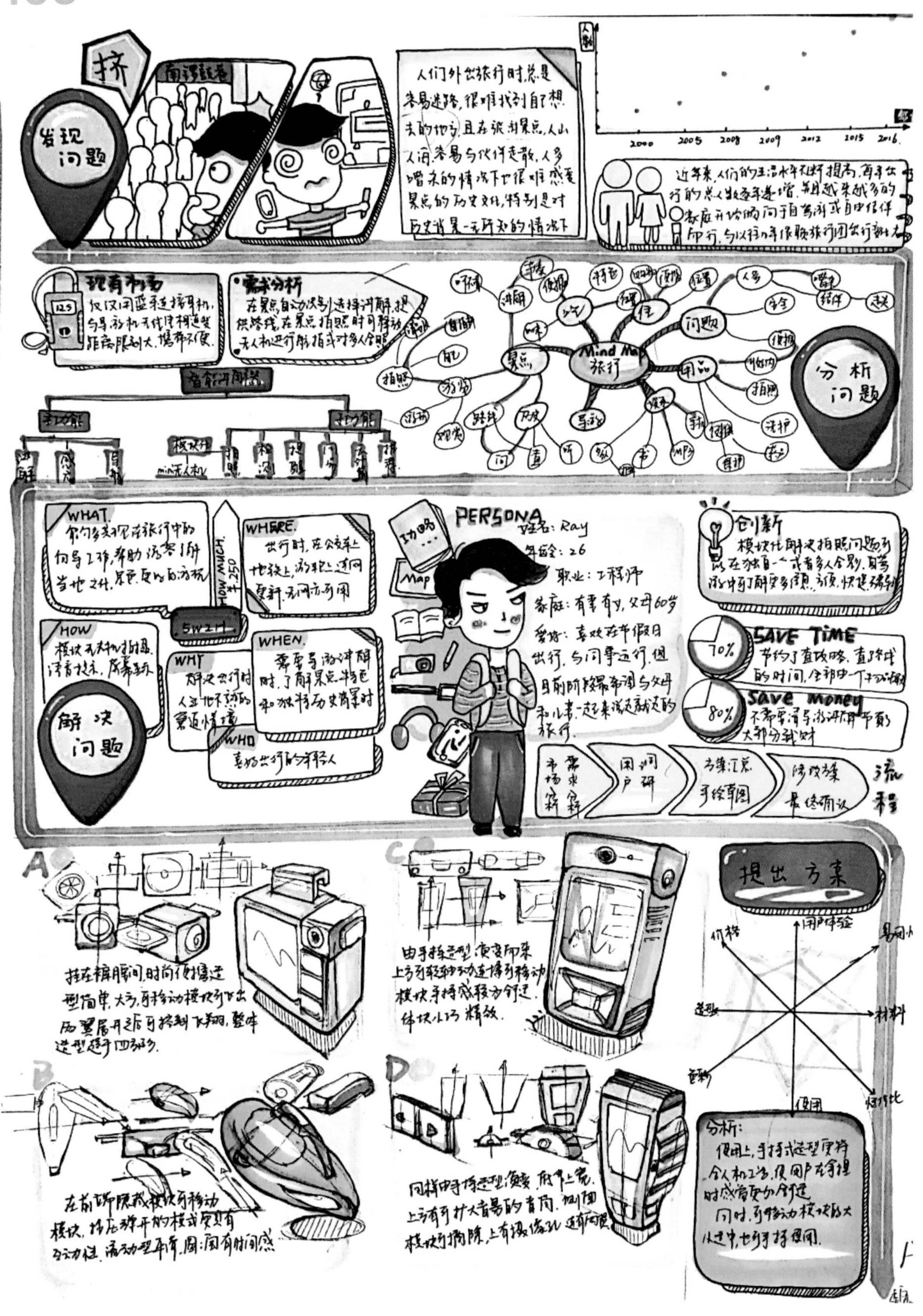

发现问题
人们外出旅行时,总是容易迷路,很难找到自己想去的地方,且在旅游景点,人山人海,容易与伙伴走散,人多嘈杂的情况下也很难感受景点的历史文化,特别是对历史背景一无所知的情况下
2000 2005 2008 2009 2012 2015 2016
现有市场
需求分析
Mind Map 旅行
分析问题
WHAT
WHERE
HOW MUCH
5W2H
HOW
WHY
WHEN
WHO
解决问题
PERSONA
姓名: Ray
年龄: 26
职业: 工程师
Map
创新
SAVE TIME
70%
Save money
80%
市场分析
需求分析
用户调研
方案汇总
手绘草图
修改方案
最终确认
流程
A
B
C
D
提出方案
分析:

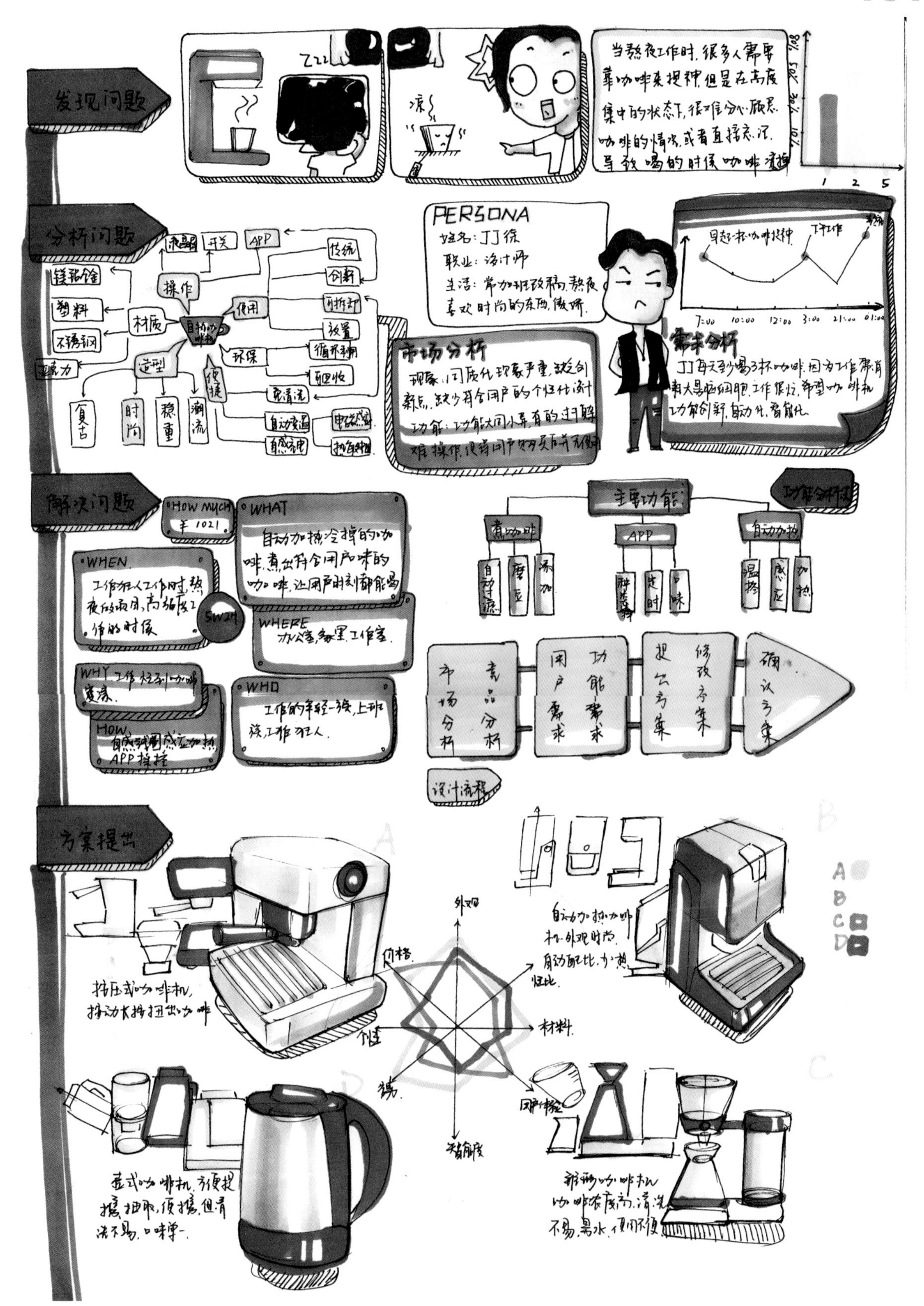
发现问题
分析问题
解决问题
方案提出
PERSONA
姓名：JJ徐
职业：设计师
市场分析
需求分析
材质
操作
使用
环保
造型
复古
时尚
稳重
潮流
塑料
不锈钢
传统
创新
HOW MUCH
￥1021
WHAT
WHEN
WHERE
办公室，家里，工作室
WHY
WHO
HOW
APP操控
主要功能
功能分析图
煮咖啡
APP
自动加热
市场分析
竞品分析
用户需求
功能需求
提出方案
修改方案
确认方案
设计流程
外观
价格
材料
A
B
C
D

接受命题
头脑风暴
绘制方案
细节深入
方案筛选
方案确定
设计流程：
咖啡原产地在非洲，是当地人用来提神、增强体力的饮品。当欧洲人到达非洲才无意间得知了咖啡的神奇功效。自此咖啡风迷世界各大洲。我国接触咖啡相对于其他国家比较晚，又加之本土饮品是茶叶，且广泛的使用了百年，咖啡在中国相当长的时间发展缓慢。
饮水
咖啡
茶
在现代，由于商业和经济的发展，贸易的加强，致使咖啡在中国有了一席之地。
在中国，人们用于工作的时间越来越长，咖啡提神的功效也更加突出。人们更广泛的使用咖啡，不论是速溶咖啡，还是现磨咖啡，都是人们所选择的方式，用什么方式更能好的使人们喝到一杯好的咖啡，再喝咖啡的时刻感到方便和舒适？
故事版：
1.
2.
3.
ZZZ
晚上不睡，白天迷糊
老板
咖啡壶设计
功能
材质
结构
使用者
ABC
陶瓷
金属
钛
钢
折叠
抽拉
保温
加热
研磨
APP
语音
MIND MAP
咖啡壶功能
主要功能
次要功能
研磨
加热水
保温
语音提示
智能互动
设计提案：
When
Where
Why
Who
What
How
How much
5W2H
饮用咖啡
The B.
此壶是便于携带的咖啡壶，底座体积较小，把手位置可以取下做为咖啡出口和咖啡杯子。
The A.
再设计这款咖啡壶时，主要考虑到壶的外观，功能上具有良好的操作性，易用，属于开放式的取用放式。
The D.
此款便携小巧可供上班族、野外使用，多功能研磨。
The C.
这款咖啡壶，类似方体，主体整洁，采用LED屏幕，智能互动，保温，效果良好。
外观
结构
易用
性能
方案一：
方案二：
方案三：
方案四：
方案三更有优势和设计价值

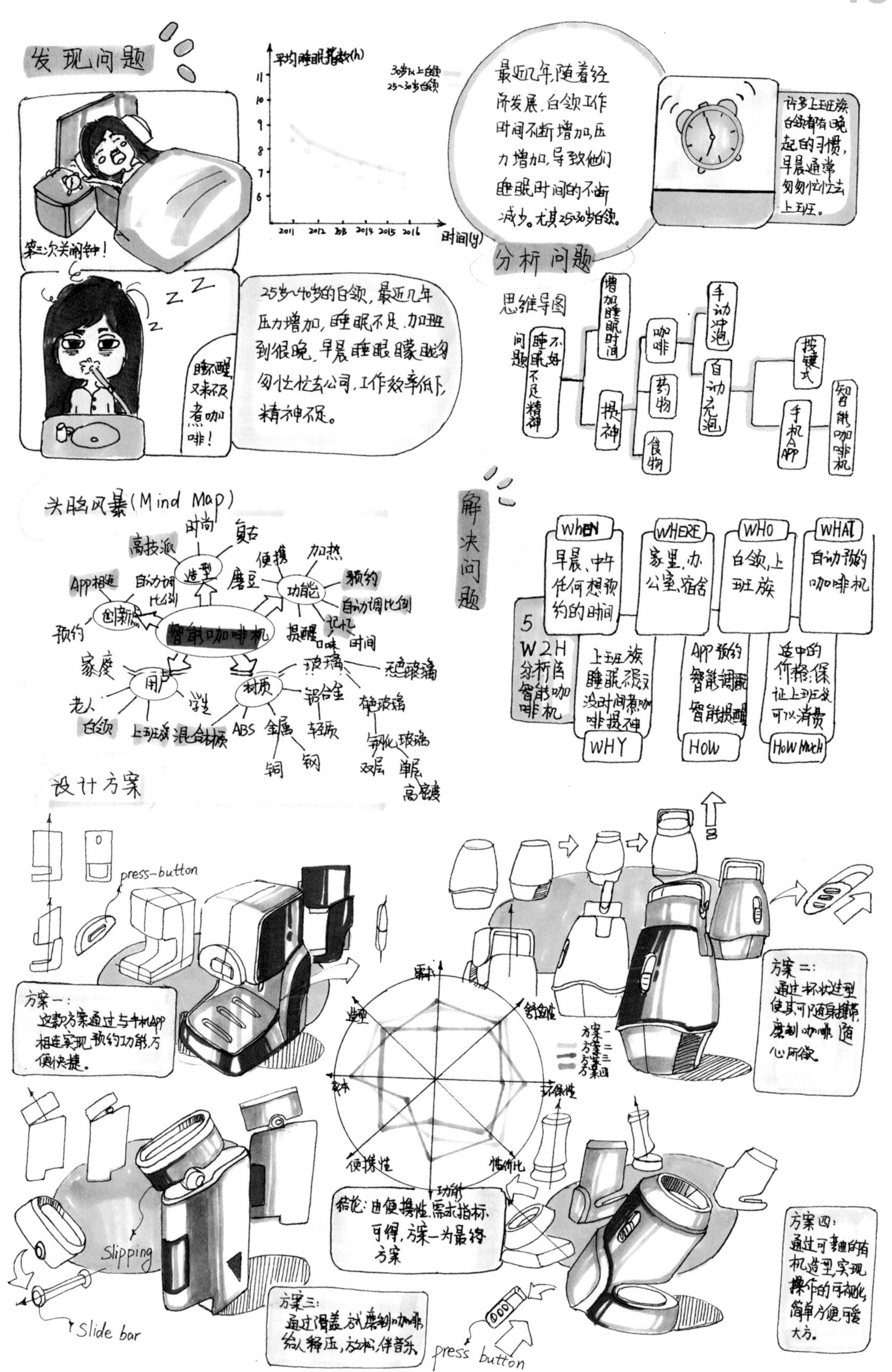
发现问题
平均睡眠时数(h)
30岁以上白领
25~30岁白领
时间(y)
第三次关闹钟！
最近几年随着经济发展，白领工作时间不断增加，压力增加，导致他们睡眠时间的不断减少。尤其25-30岁白领。
许多上班族白领都有晚起的习惯，早晨通常匆匆忙忙去上班。
25岁~40岁的白领，最近几年压力增加，睡眠不足，加班到很晚，早晨睡眼朦胧匆匆忙忙去公司，工作效率低下，精神不足。
睡醒又来不及煮咖啡！
分析问题
思维导图
问题
睡眠不足
不精神
增加睡眠时间
提神
咖啡
药物
食物
手动冲泡
自动冲泡
按键式
手机APP
智能咖啡机
头脑风暴(Mind Map)
智能咖啡机
造型
时尚
复古
高技派
功能
便携
加热
预约
磨豆
自动调比例
提醒
记忆时间
创新点
APP相连
自动调比例
预约
用户
家庭
老人
学生
白领
上班族
材质
玻璃
耐热玻璃
铝合金
轻质
金属
铜
钢
ABS
混合材质
钢化玻璃
双层
单层
高硼
解决问题
5W2H分析智能咖啡机
WHEN
早晨、中午任何想预约的时间
WHERE
家里、办公室、宿舍
WHO
白领、上班族
WHAT
自动预约的咖啡机
WHY
上班族睡眠不足没时间煮咖啡提神
HOW
APP预约智能调配智能提醒
HOW MUCH
适中的价格，保证上班族可以消费
设计方案
press-button
方案一：这款方案通过与手机APP相连实现预约功能，方便快捷。
方案二：通过杯状造型使其可随身携带，磨制咖啡随心所欲。
方案一
方案二
方案三
方案四
造型
舒适性
环保性
性价比
功能
便携性
成本
结论：由便携性、需求指标可得，方案一为最终方案
slipping
Slide bar
方案三：通过滑盖，式磨制咖啡给人释压，放松，伴音乐。
press button
方案四：通过可手握的有机造型，实现操作的可视化，简单方便可爱大方。

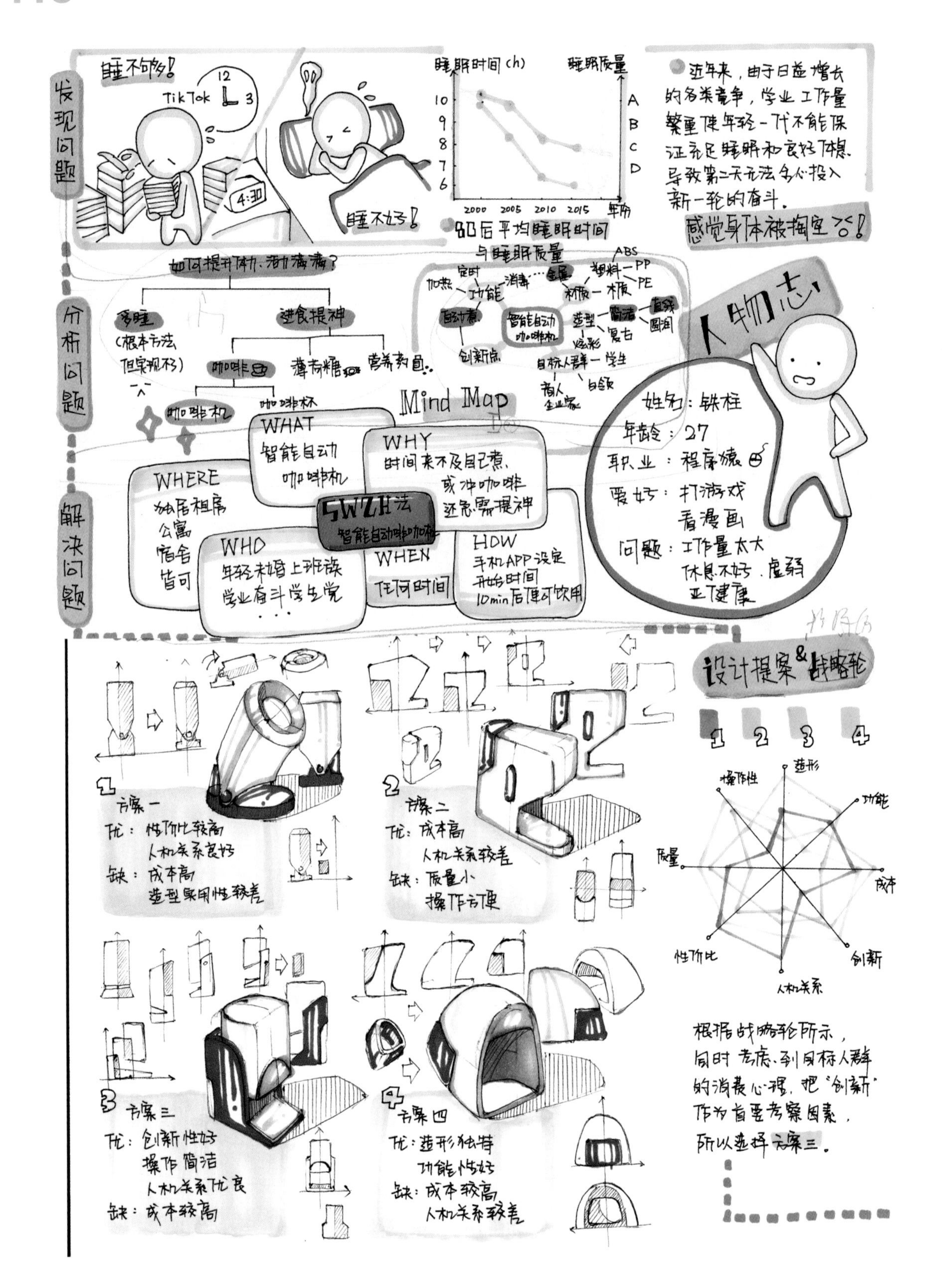
发现问题
睡不够!
TikTok
12
3
4:30
睡不好!
睡眠时间(h)
睡眠质量
10
9
8
7
6
A
B
C
D
2000
2005
2010
2015
年份
80后平均睡眠时间与睡眠质量
近年来，由于日益增长的多类竞争，学业工作量繁重使年轻一代不能保证充足睡眠和良好休息，导致第二天无法全心投入新一轮的奋斗。
感觉身体被掏空!
分析问题
如何提升体力、活力满满?
多睡
(根本方法 但实现不了)
进食提神
咖啡
薄荷糖
营养补品
咖啡机
咖啡杯
智能自动咖啡机
功能
加热
定时
消毒
材质
金属
塑料
ABS
PP
PE
木质
造型
简洁
直线
圆润
复古
炫彩
目标人群
学生
白领
商人
企业家
创新点
Mind Map
人物志
姓名：铁柱
年龄：27
职业：程序猿
爱好：打游戏
看漫画
问题：工作量太大
休息不好，虚弱
亚健康
解决问题
5W2H法
智能自动咖啡机
WHAT
智能自动咖啡机
WHY
时间来不及自己煮或冲咖啡
还急需提神
WHERE
独居租房
公寓
宿舍
皆可
WHO
年轻未婚上班族
学业奋斗学生党
...
WHEN
任何时间
HOW
手机APP设定
开始时间
10min后即可饮用
设计提案&战略轮
1
2
3
4
方案一
优：性价比较高
人机关系良好
缺：成本高
造型实用性较差
方案二
优：成本高
人机关系较差
缺：质量小
操作方便
方案三
优：创新性好
操作简洁
人机关系优良
缺：成本较高
方案四
优：造型独特
功能性好
缺：成本较高
人机关系较差
造形
功能
成本
创新
人机关系
性价比
质量
操作性
根据战略轮所示，同时考虑到目标人群的消费心理，把“创新”作为首要考察因素，所以选择方案三。

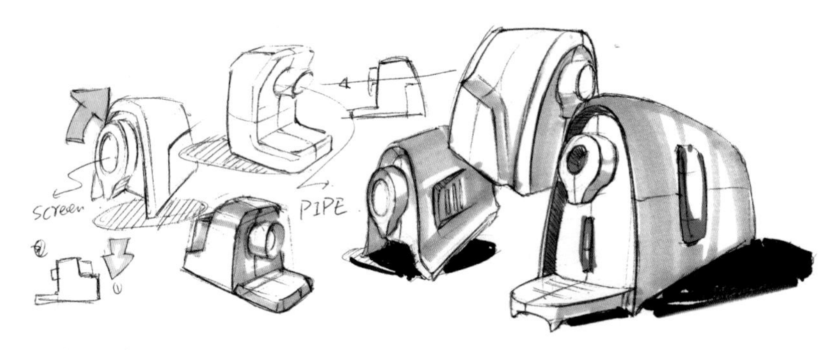

7.2 主方案的充分表达

在卷面中主方案是卷面评分的重要部分，也是最考验手绘能力的部分。但是很多同学也同样苦于这个问题，卷面内容丰富起来，可主方案的表现却被其他的内容抢了风头，试卷跳脱不出来，显得平淡。这时，我们要加紧练习主方案的充分表达。

想要主方案细节丰富，在试卷中更加亮眼，也有方法可循。

1. 首先，主方案由于面积较大，所以对手绘能力的要求会提高，之前在小方案中可以模糊的地方被放大，变得明显。如线条的熟练运用能力、产品的造型能力、马克笔的运用。这几点需要更多的练习，应反复注意要点。

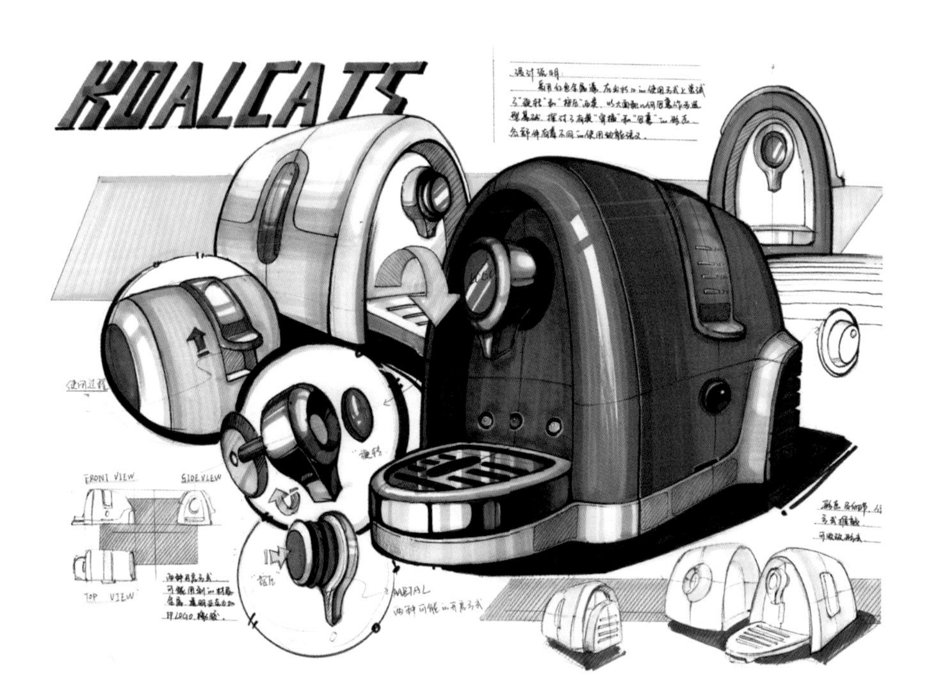

2. 其次，区别于小方案，主方案需要更多地展现设计细节，可以更多地考虑色彩搭配、分模线的运用、不同材质的表现，以及和功能相关的一些装饰配件。

3. 最后，可以丰富配合主方案说明图，例如之后提到的细节图、人机图、三视图等。但一定要在主方案完善的基础上进行，不然主方案依旧不够抢眼。

7.3 细节图

在主方案的表达时，一些想表达的细节经常受到画幅范围或角度的影响而表达不充分，这时为了让阅卷老师理解设计者对这个细节的设计想法，可以在旁边画放大示意图，详细地表达这部分细节。

为了丰富卷面，更加清晰地表达，可以改变视角或绘制爆炸图来解释原理。

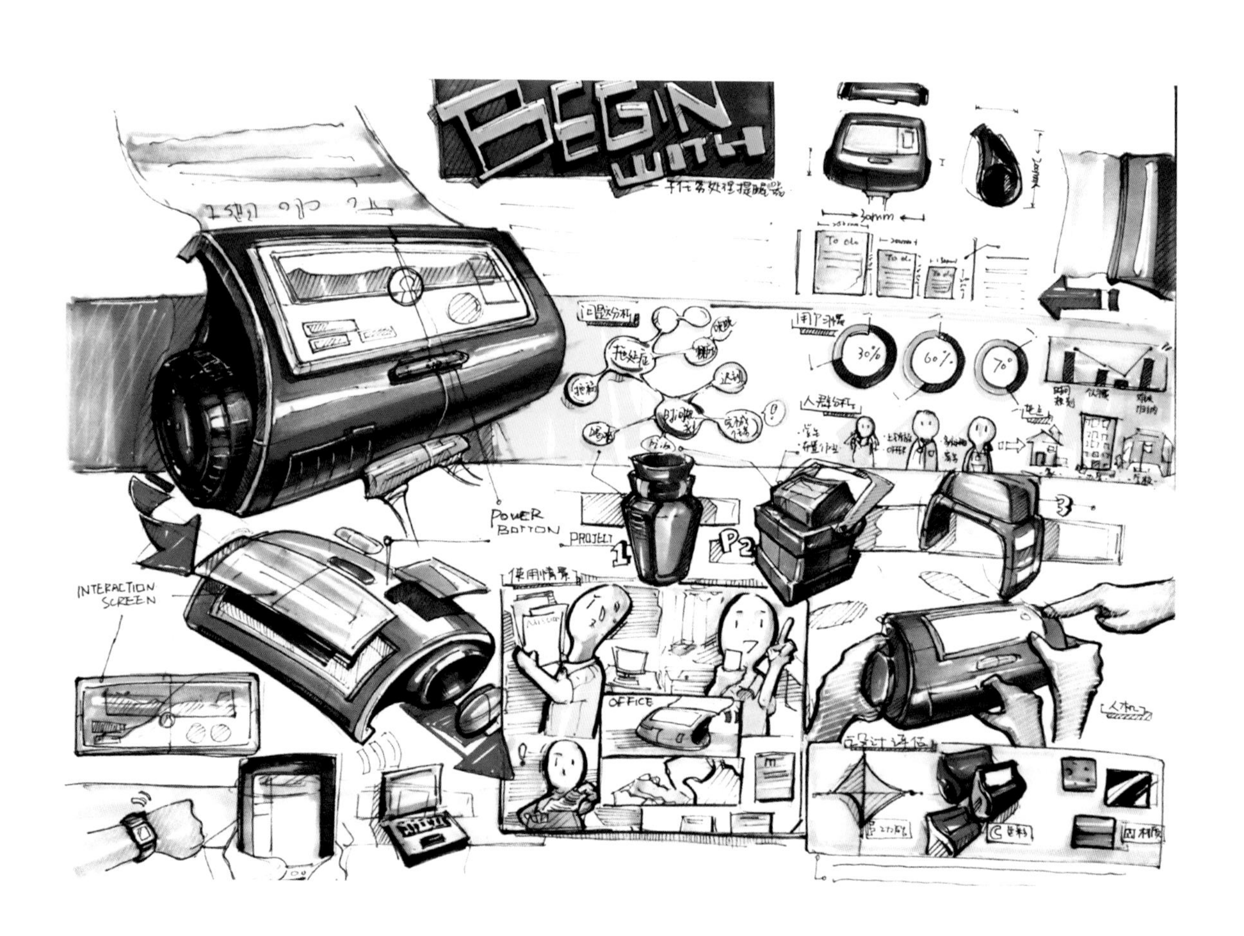

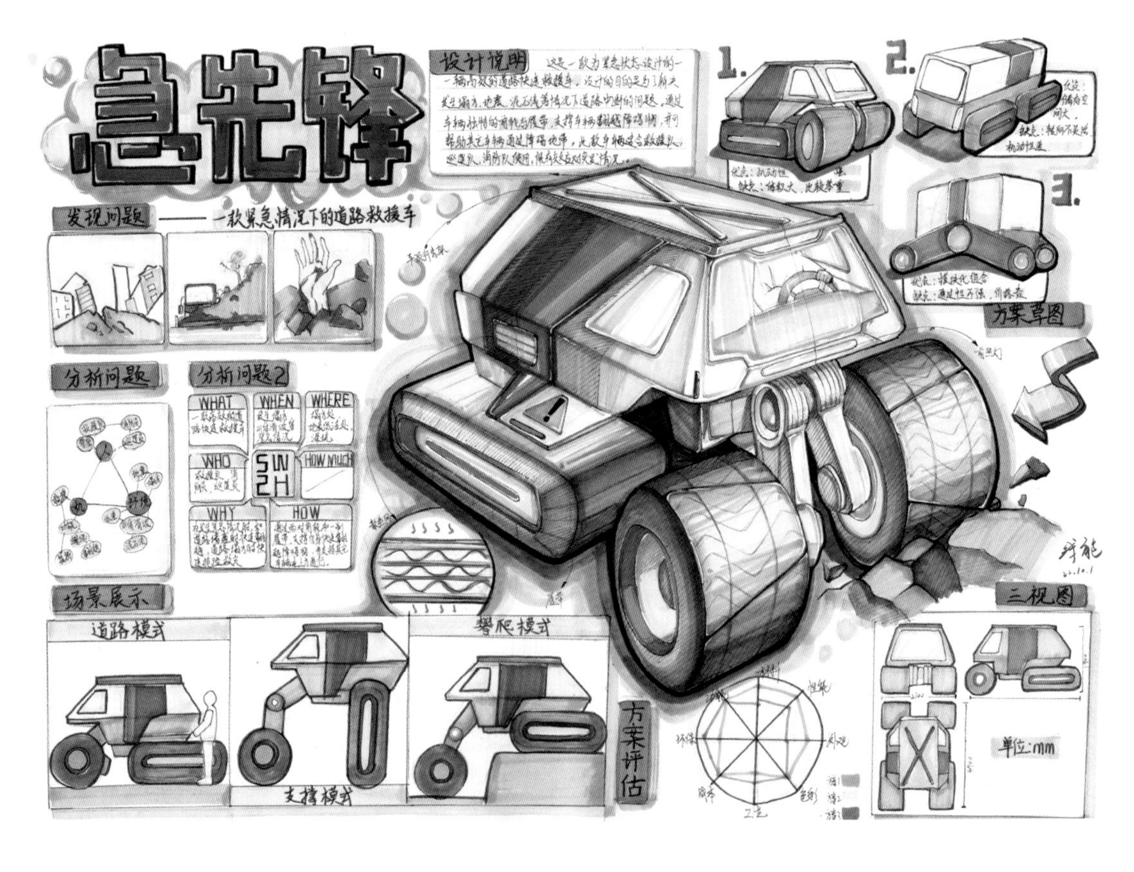
急先锋
设计说明
发现问题
——一款紧急情况下的道路救援车
分析问题
分析问题2
WHAT
WHEN
WHERE
WHO
5W2H
HOW MUCH
WHY
HOW
场景展示
道路模式
攀爬模式
支撑模式
方案草图
三视图
方案评估
单位:mm

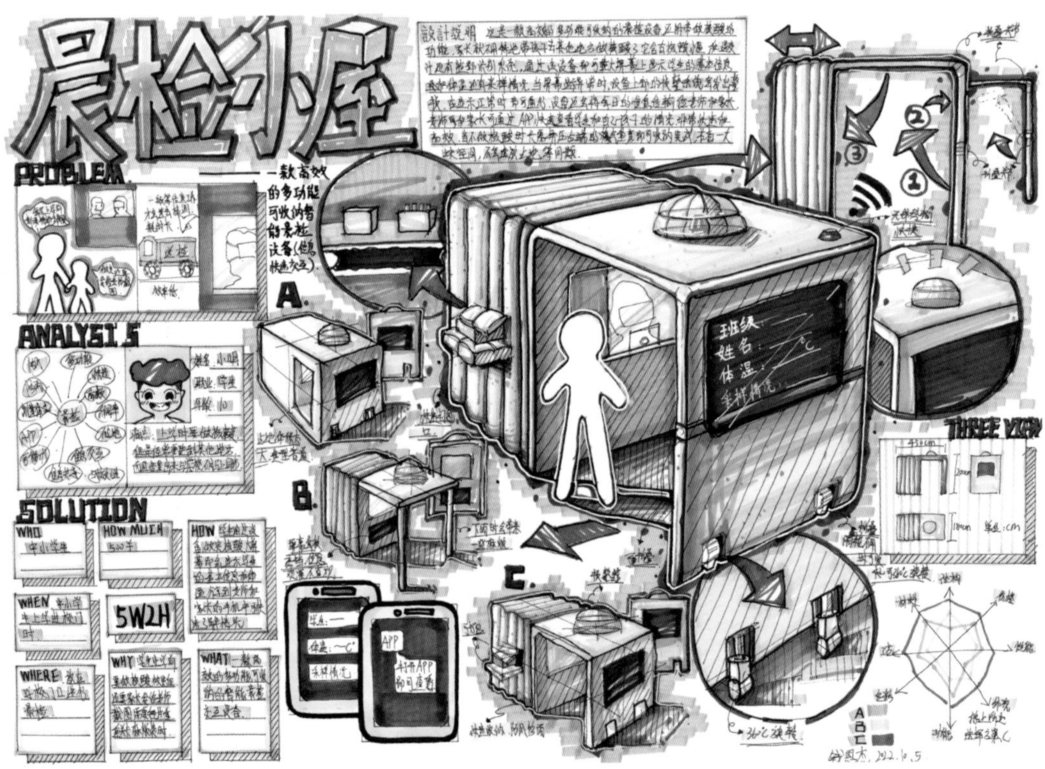
晨检小屋
PROBLEM
ANALYSIS
SOLUTION
WHO
HOW MUCH
HOW
WHEN
5W2H
WHERE
WHY
WHAT
班级
姓名
体温
THREE VIEW
A.
B.
C.

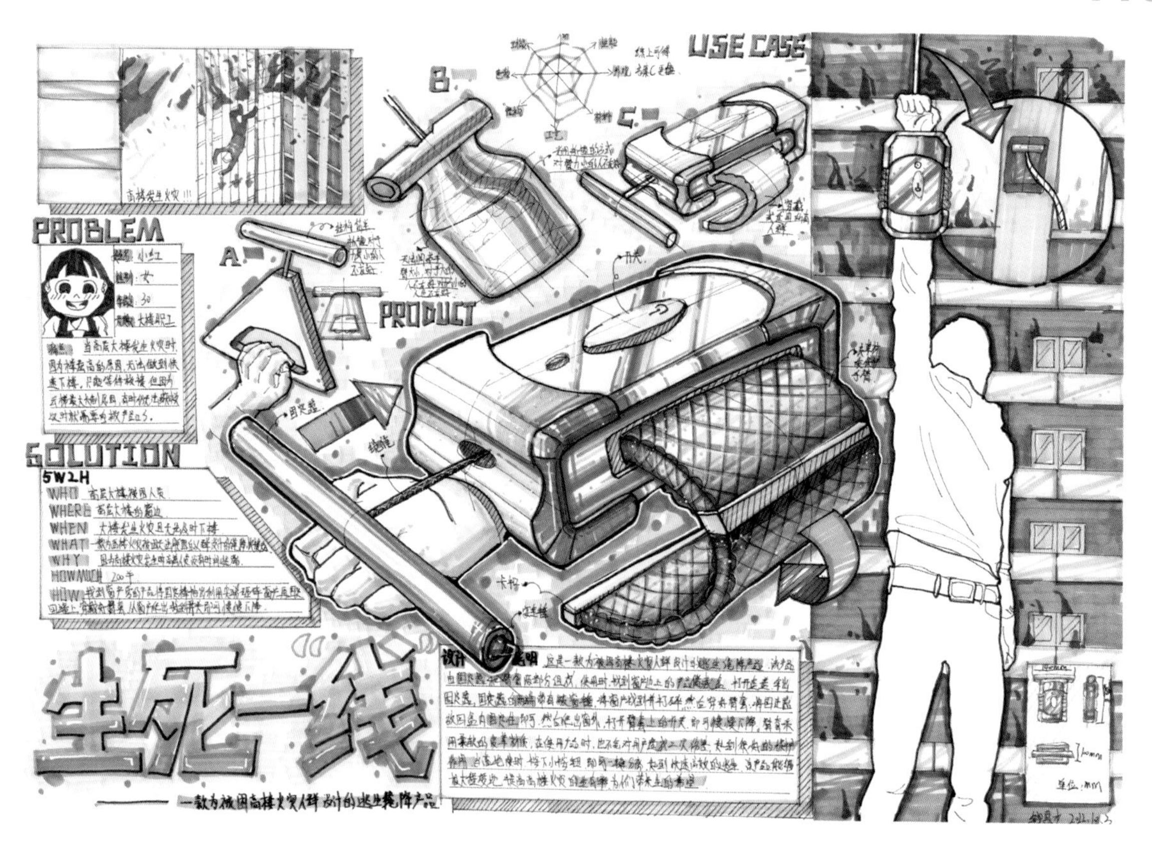
PROBLEM
SOLUTION
5W2H
WHO
WHERE
WHEN
WHAT
WHY
HOWMUCH
HOW
PRODUCT
USE CASE
A.
B.
C.
生死一线
设计说明
单位：mm

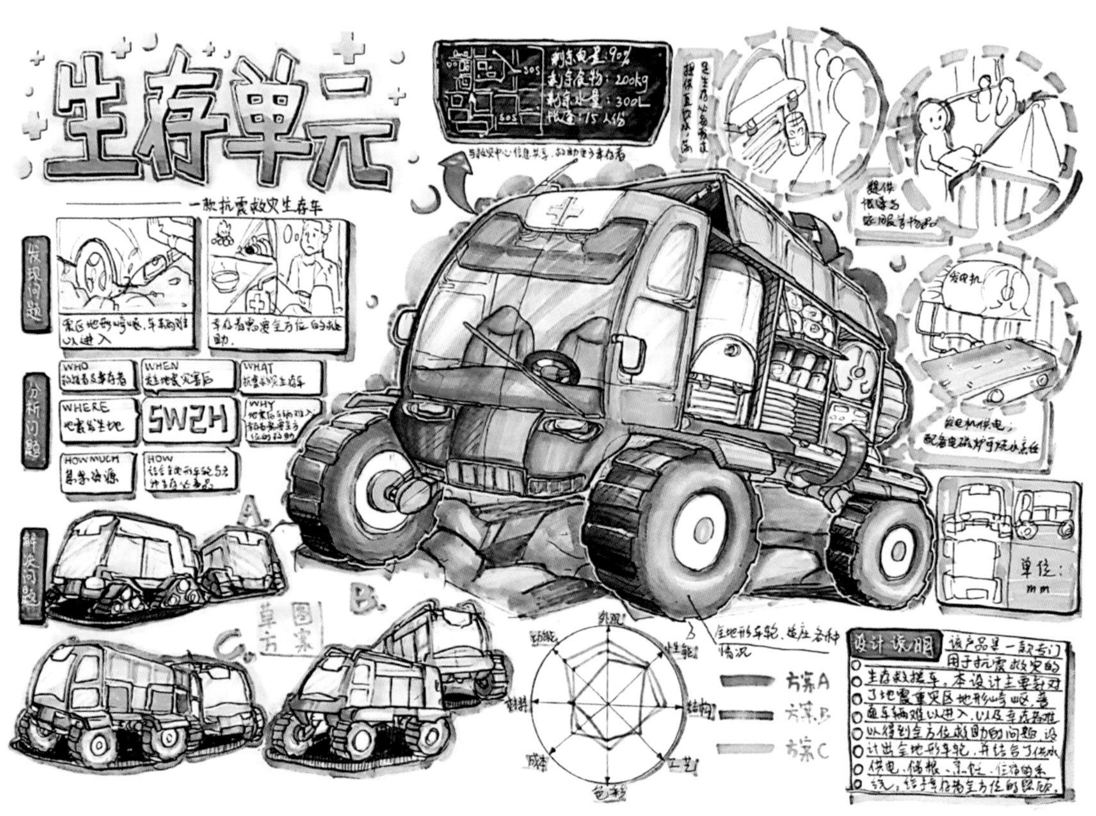
生存单元
一款抗震救灾生存车
WHO
WHEN
WHAT
WHERE
5W2H
WHY
HOWMUCH
HOW
A.
B.
C.
草图方案
单位：mm
设计说明
方案A
方案B
方案C

7.4 人机图

人机工程学作为一门交叉学科，与工业设计具有紧密联系，在适宜性、可理解性、易用性、舒适性、情感性以及系统与持续性等方面都具有重要的指导意义。因此，在手绘中加入人机图能更好地体现设计理念，表达设计想法。

人机图是很受阅卷老师注意的一个部分，通过人机图能够更加清楚设计产品的实际大小比例、具体的操作方式。

值得注意的是，人机图的表达也更容易暴露设计构思的问题，如大小不合乎日常使用，或者造型设计方面的问题，如画了一个盖子，但并没有空间拧转，等等。这些问题在平时练习需要多加考虑，防止在卷面上出现此类错误。

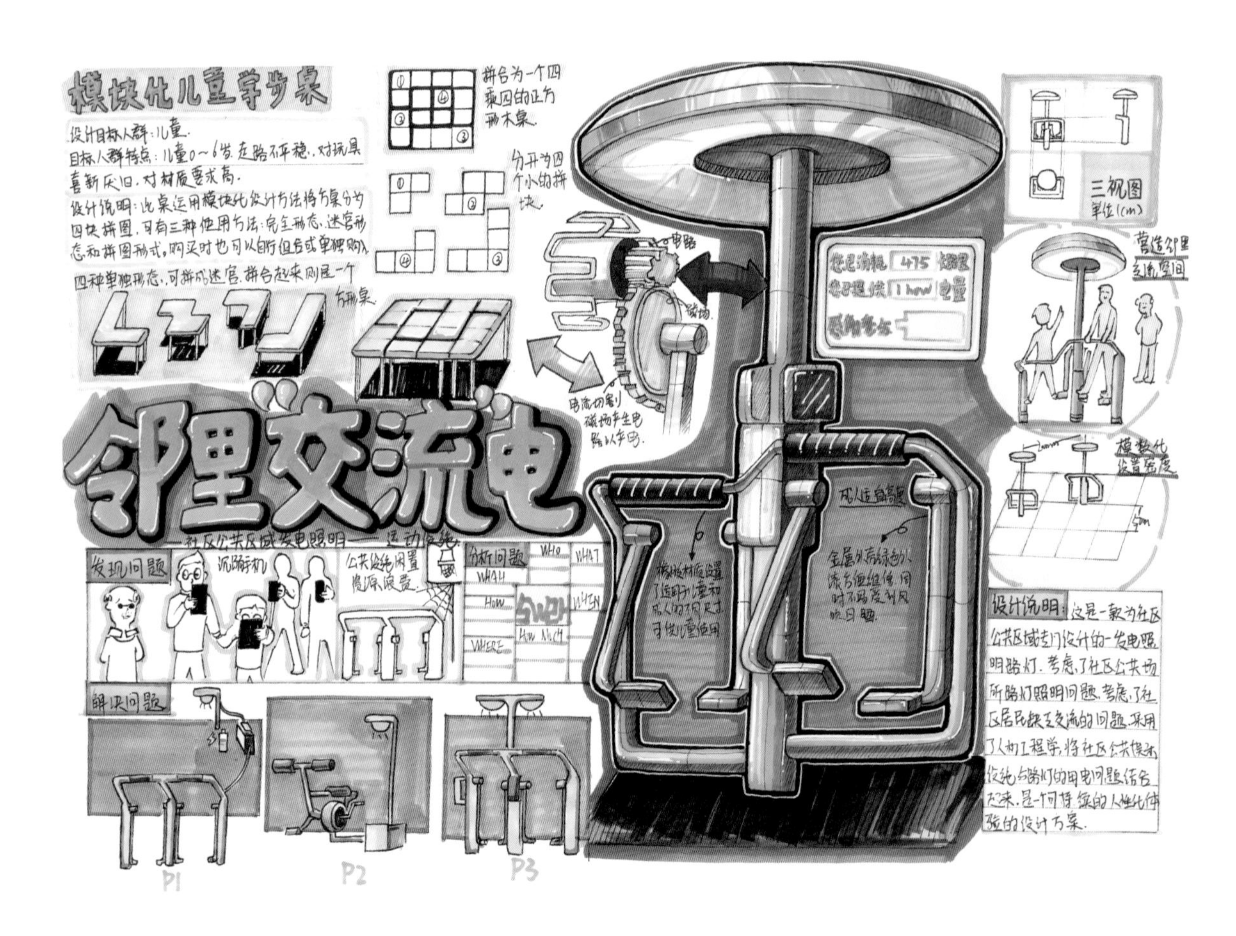

7.5 三视图及尺寸标注

三视图，是指能够正确反映物体长、宽、高尺寸的正投影工程图，一般为主视图、俯视图、左视图，也是设计师将想法具体化的重要体现。三视图的规范绘制需要注意以下几点：

1. 三视图的投影规则是：三视图所包含的主视图、左视图、俯视图互相之间长宽高对齐。

2. 位置关系：这两条轴把三个视图加以定位。主视图在图纸的左上方；左视图在主视图的右方；俯视图在主视图的下方。

3. 注意标注正确尺寸，单位为毫米（mm）。

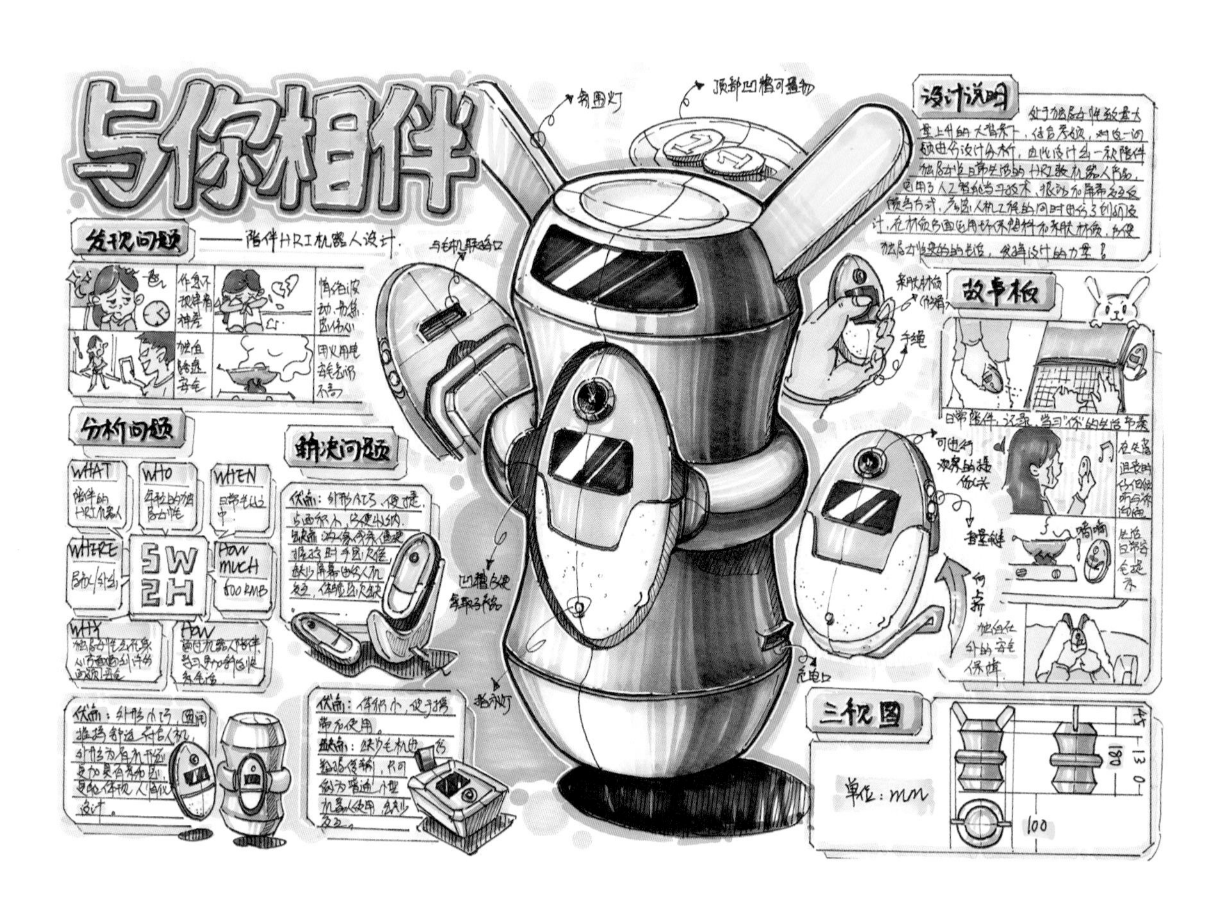

7.6 标题

标题能够快速解释卷面的设计理念，是说明设计想法的一部分，也值得练习，但不宜花费过多时间，原则是简明扼要。内容尽量贴近主题，中英不限，字体简洁大方，多为 POP 字体。遇到标题内容比较抽象的情况，也可以在下方做补充说明。

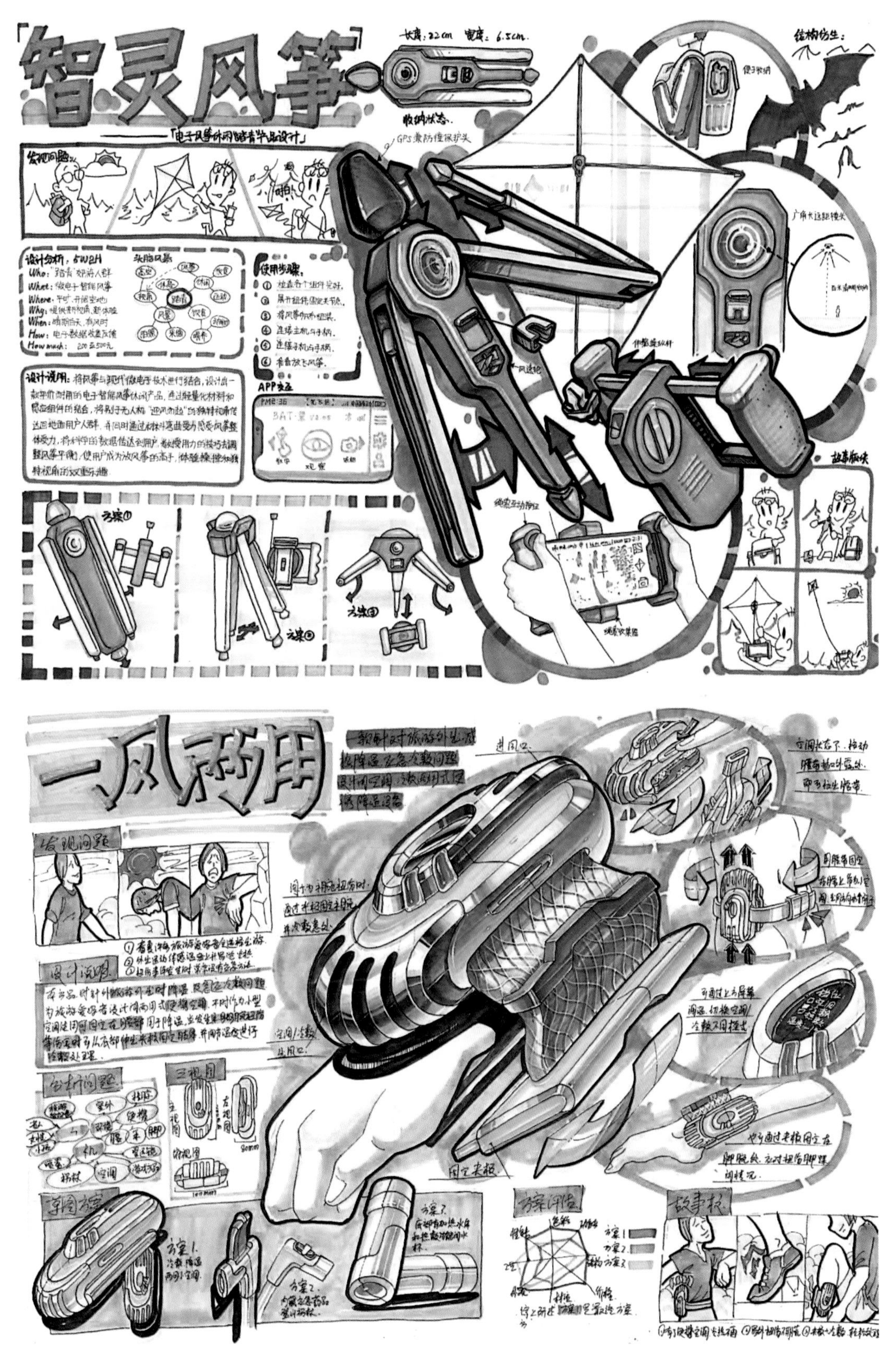

「智灵风筝」
「电子风筝休闲娱乐产品设计」
长度：22cm 宽度：6.5cm.
收纳状态.
结构仿生：
GPS兼防撞保护头
便于收纳
广角大远距镜头
发现问题
设计分析，5W2H
头脑风暴
使用步骤：
① 检查各个组件完好。
② 展开组件，固定关节处。
③ 将风筝布打开组装。
④ 连接主机与手柄。
⑤ 连接手机与手柄。
⑥ 准备放飞风筝。
APP交互
设计说明：
方案①
方案②
方案③
故事版块
一风两用
发现问题
设计说明
分析问题
三视图
主视图
左视图
俯视图
草图方案
方案1.
方案2.
方案3.
进风口.
固定束带
方案评估
故事板

第 7 章课后作业

作业内容：

A. 低碳生活

B. 智能厨房

C. 移动生活

D. 为设计师而设计

E. 休息类公共设施

1. 根据以上 5 个题目进行标题、产品三视图、人机图和细节图的综合练习。
2. 逐渐开始完成完整的快题内容。

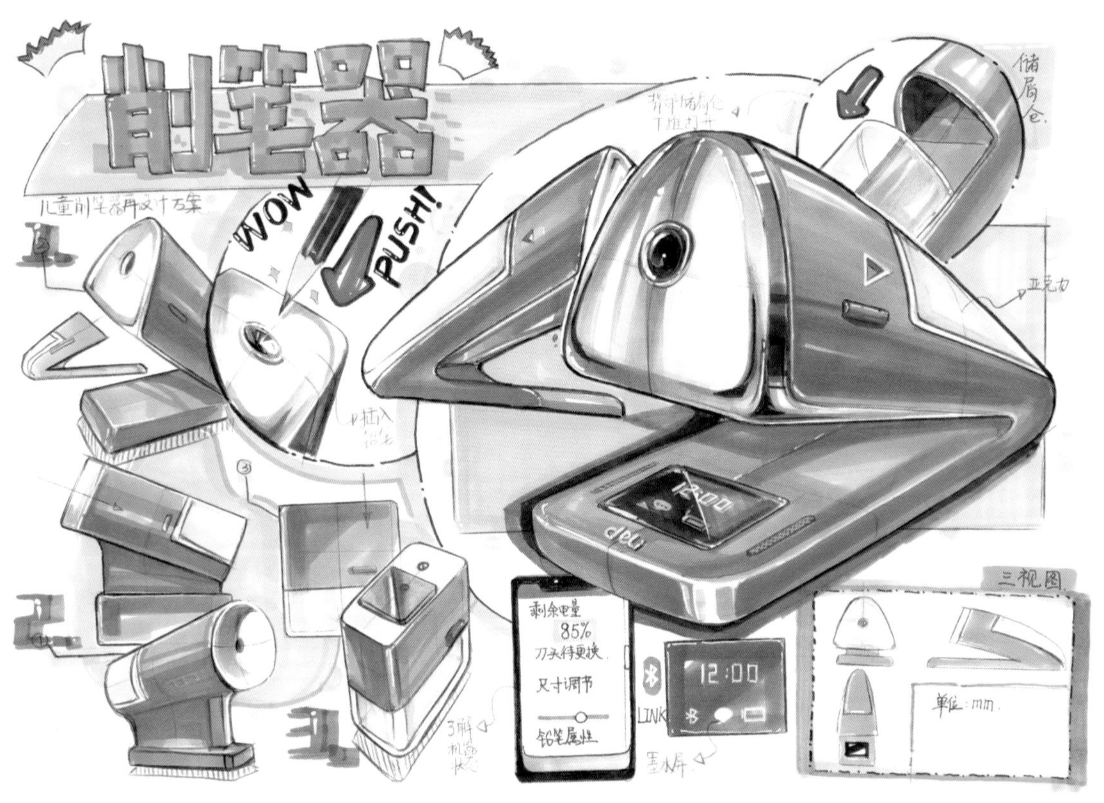
削笔器
儿童削笔器再设计方案
WOW
PUSH!
储屑仓
亚克力
插入铅笔
剩余电量
85%
刀头待更换
尺寸调节
铅笔属性
12:00
LINK
三视图
单位：mm

元气面包
——多功能面包机设计
设计说明
元气面包机是一款集休闲与实用为一体的多功能面包机。包含煎锅的功能，满足用户各种不同需求。并且采用智能连接功能，更加方便快捷，增加用户体验感。
网格散热装置
便捷式提手
防烫耐用，清洁更方便
02:30
34°C
预约
03:20
方案设计
三视图
单位：mm
460
500

发现问题
分析问题
设计说明
设置指纹
定制可视屏
小方案
WHEN
WHERE
WHO
WHY
HOW
WHAT
5W
2H
扫码
获取
指纹解锁
使用场景
三视图
单位:mm
100
150
高压喷水自清洁
轻享传送

第 8 章 快题考试版面表达

8.1 快题版面基本内容

8.2 基本构图和比例分割

8.3 视觉中心的塑造

8.4 遮挡关系和层次叠加的巧妙运用

8.5 选择合适的配色方案

8.6 优秀快题展示

8.1 快题版面基本内容

标题

该部分一般包含两个内容，分别为主标题和副标题，主标题就像一本书的书名一样，需要朗朗上口、好理解、印象深刻；在表现效果上也需要有和主方案颜色相呼应的选择，包括字体选择以及相关装饰物的添加，会给看试卷的批卷老师生动的第一印象。

何为副标题？就像是书和文章的内容简介，用最简短、精确的语言形容和描述文章的中心思想。在快题中，副标题的作用是将所设计的产品简述清楚，防止批卷老师在阅卷时，带着疑惑和不解去思考和分析你的设计。

设计分析

设计分析中包括了前期的发现问题、分析问题、解决问题三个部分，每个部分在画面中都占有一定的比例，起到信息传递的作用。这个部分在快题中属于第二部分，仅次于标题，牵涉到后期产品方向的产出。在发现问题、分析问题和解决问题中包含了很多的设计方法和工具，这些方法我们在第 5 章已经进行了很详细的描述，同学们需要学会将这些方法灵活地运用在快题版面中。

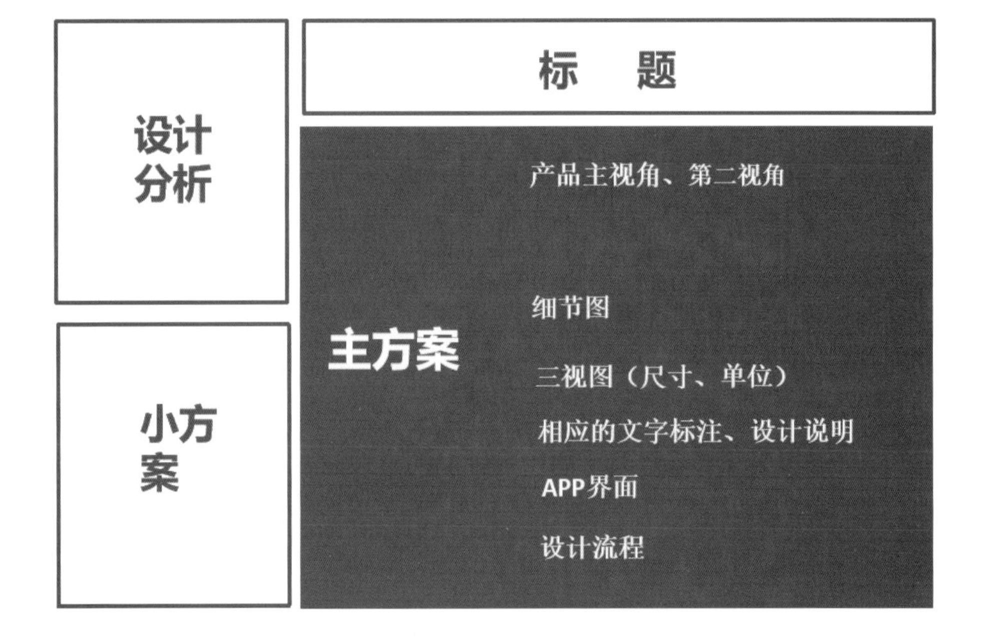

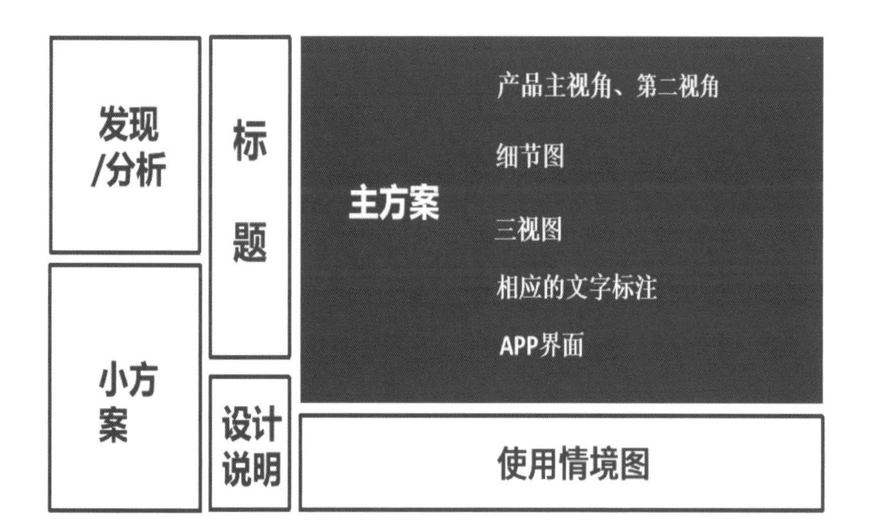

设计提案

即指设计前期的草图方案，为第三部分，一般个数为 3~4 个设计提案，并通过筛选分析出最后的产品来源，从材质、色彩、功能、情感、环保等多方面进行分析。

主方案群

第四部分为主方案部分，该部分包含的内容较多，并且属于画面中最重要的部分，对整个画面的分数起到至关重要的决定性作用。该部分由产品的主视角、第二视角、人机交互图、细节图、 使用流程图、三视图、 APP、故事版等多个部分组成。不过，在考试时并不是以上内容都要涉及，而是将最关键的 3~4 部分刻画仔细。

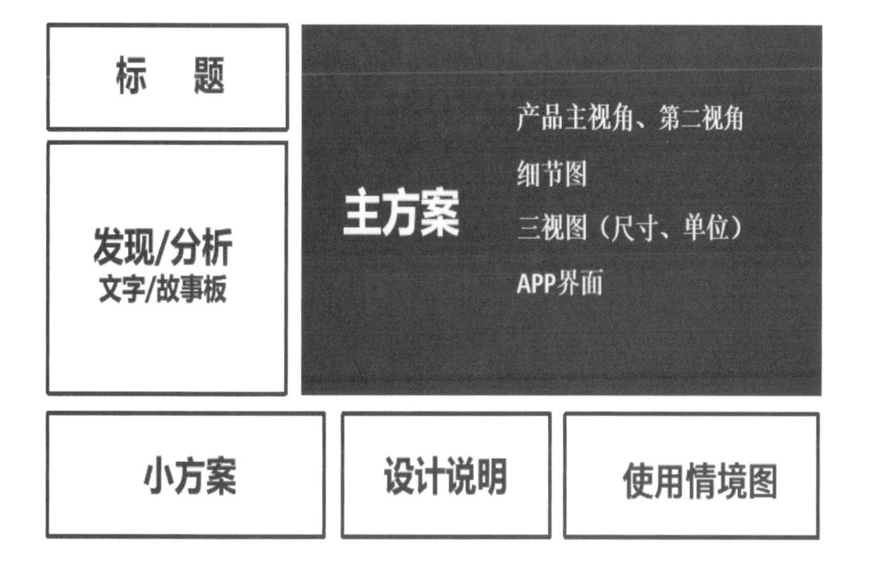

设计说明

产品说明书是一种概括介绍产品的用途、性能、特征、使用方法、注意事项等的说明性文书，产品说明书在商业活动中使用非常广泛，是产品用户了解产品的性能、特点，掌握产品使用方法等的基本依据，是企业用户服务体系的组成部分。那么一份好的产品设计说明要怎么写呢？主要囊括以下内容产品概况：产品名称、概况……产品用途、性能、特点产品使用方法，可配插图说明各个功能板块、操作方法、注意事项，以及产品的运维售后。

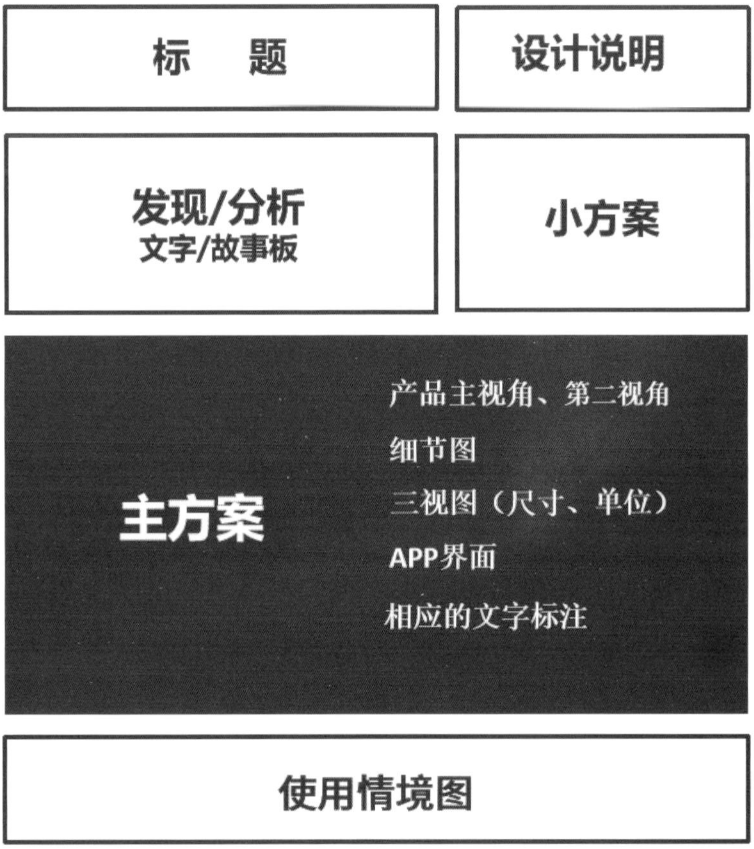

标　题

设计说明

发现/分析
文字/故事板

小方案

主方案

产品主视角、第二视角
细节图
三视图（尺寸、单位）
APP界面
相应的文字标注

使用情境图

在手绘快题中，一般学校在考试要求中都对设计说明的字数有限制要求，大概在200~300字之间，对设计产品进行简单的信息介绍，包括设计对象、产品的使用环境、所做的创新点设计或是改善的部分都需要加以说明和解释，给看的人提供最全面的解释，在材料和能源上，如果有所创新和探索，也可以进行说明，最重要的是解释清楚产品的五个方面，包括：

1. 设计对象、目标人群是谁？
2. 解决了一个什么样的问题？

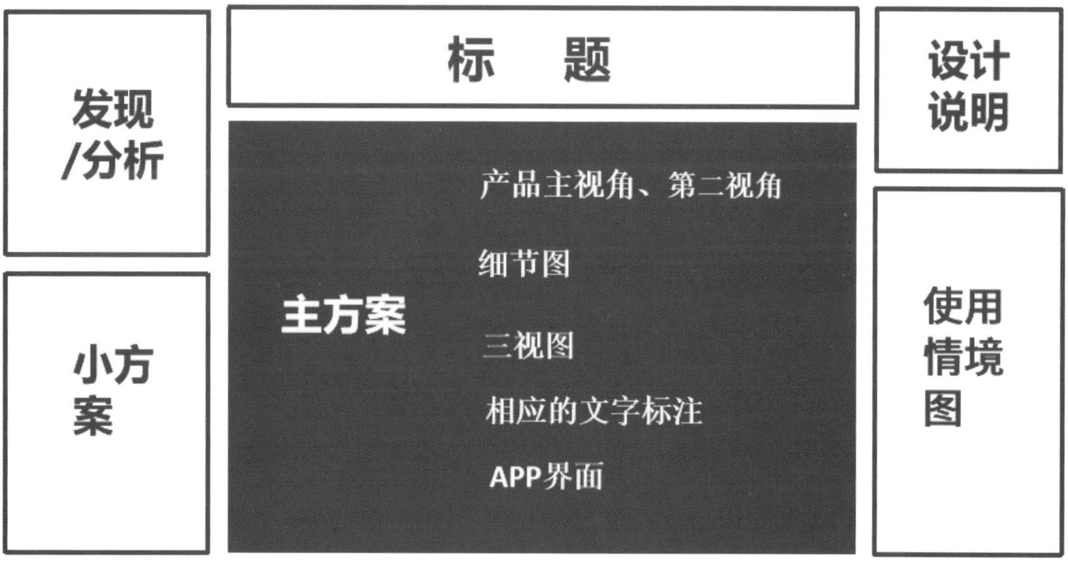

发现/分析

标 题

设计说明

主方案

产品主视角、第二视角

细节图

三视图

相应的文字标注

APP界面

小方案

使用情境图

3. 是怎么解决的，通过哪些方式和手段？

4. 在哪里使用这个设计产品？

5. 什么时候使用该产品？

排版的建议：没有任何限制，只要可以看懂想法和设计，阅读起来连贯有逻辑就是好排版！同学们不需要为了排版而排版，这样反而会使看试卷的人感觉画面逻辑凌乱，不能一气呵成读完整个设计流程。

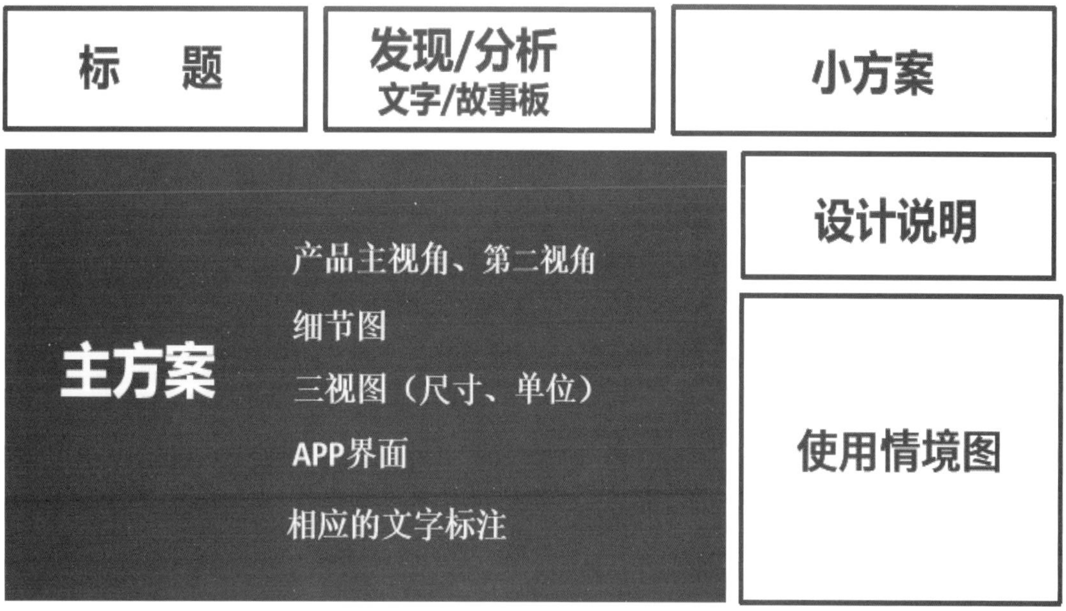

标 题

发现/分析
文字/故事板

小方案

主方案

产品主视角、第二视角

细节图

三视图（尺寸、单位）

APP界面

相应的文字标注

设计说明

使用情境图

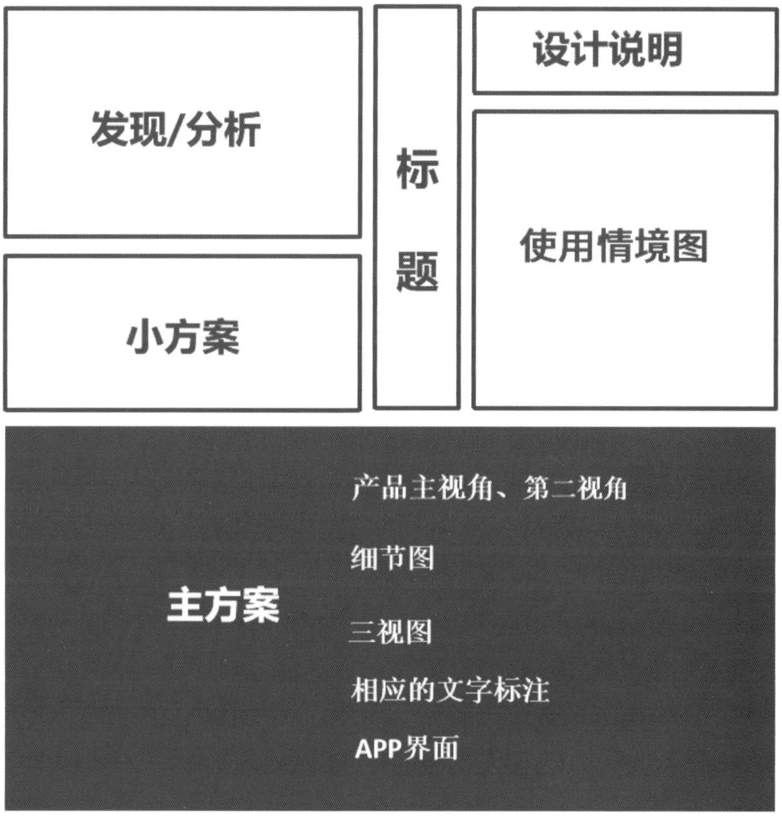

发现/分析	标题	设计说明
小方案		使用情境图

主方案	产品主视角、第二视角 细节图 三视图 相应的文字标注 APP界面

排版注意事项：

对版式的把握

若任务书对图幅尺寸已做了明确规定，而表现内容却不能充满整个图幅，千万不要将各表现内容分散在各处，这将导致图面效果稀松，若想通过添置配景充实画面，则可能吃力不讨好，不仅表现工作量加大，而且画不好反而献丑，图面效果更加不尽如人意。要记住一个原则：无论图幅尺寸规定多大，把所有表现内容排紧凑些，稍许留点配景的范围即可。

那么，如果表现内容占不满图幅怎么办？

那就让它空着。从图面整体构成来说，所有表现内容的区域就是“图”，而空白之处就是“底”。正如国画讲究留白的绘画构图一样，只要结合表现内容的多寡，并构思一下“图”的位置与形状，再看看“底”留得怎么样就行了。如果想使“图”中有“底”，“底”中有“图”的话，不妨将标题放在“底”中。

如果任务书没有对图幅尺寸做规定，则仍然要坚持紧凑排版的原则。如果有多余的“底”，可以将“底”裁减掉一部分，让“图”留点白边。如果因题目太小、表现内容过少，造成“图”的范围不太大，那么尽管你按任务书的要求该表现的都表现了，也最好不要如上所述把“底”裁剪掉，图幅会显得太小气，还是多留白以增大图幅为好。

从画图方便顺手考虑

图幅一般为矩形，如 A2 图纸。此时，是横着排版，还是竖着排版，甚至在不规定图幅尺寸的情况下，与众不同地采用长横幅或竖条幅，从美学上说都可以，都有个性。但是从画图是否方便顺手来说，还是尽量以横幅为好，这样可以坐下来画，不像竖幅，需要站着才能够得着图幅上部。甚至个子矮的人，得趴在图板上才能画到竖幅上部的图，那样画图太累，效率也不高。

从版面构图考虑

平、立、剖面图，总图，透视图的形状、大小、线条多寡都是不一样的，从整幅图面的效果考虑，我们希望构图匀称，不要出现画面轻重、疏密失衡的状态，这是平面构成的一般规律。因此，宜将表现分量重的图（如细节图和主产品透视图）分开，以取得画面平衡。

当然，所谓画面平衡也只是相对的，如果实在平衡不了，可以请标题——这些非主图的点缀帮忙，让它们充实一下构图轻飘的版面部位，以增加点“重量”。

从提高画图速度考虑

由于考试时间紧张，一般分为 3h、4h 和 6h 的考试时间，纸张大小也会有相应变化，因此依据所画内容很好的排版可以节省很大一部分时间，用来优化其他需要着重刻画的部分。

如果每个部分都分得很开、很散，无论是上色还是线稿都会比较花费时间，因此应注意在最开始排版设计的时候，就将文字的部分和手绘效果图的部分设计确定好，是全部集中于画面的中心部分，还是分散在画面的各个部分，或是依照一定的排版规律进行画面摆布，十分重要。

8.2 基本构图和比例分割

大部分院校的考试，无论考什么主题，整张卷面大致都分为三个部分：设计思路、设计提案、主方案表现。这三部分的比例分割大致如下图。每个部分按照以上章节所讲内容进行填充即可。

8.3 视觉中心的塑造

每一张画，每一张海报，每一张照片都需要有视觉中心，就是第一眼看过去最吸引眼球的部分。这是视觉的审美规律。考卷也需要塑造出视觉中心，才会具有强烈的表现力。

手绘考试中，卷面上需要塑造的视觉中心就是产品的主体及其周围。塑造一个突出的视觉中心需要做到以下几点：

体量

在主方案表现的部分，主体物（两个视角，并具有充分的遮挡关系）应该占 50%~60% 的面积，小于 50% 或多于 60% 都不可取。

充分的细节表现

细节表现包括造型细节、材质表现、明暗关系、投影、虚实对比关系表现等。平时需要深入地训练刻画细节的能力，注重日常积累，这种能力是不可能一蹴而就的。

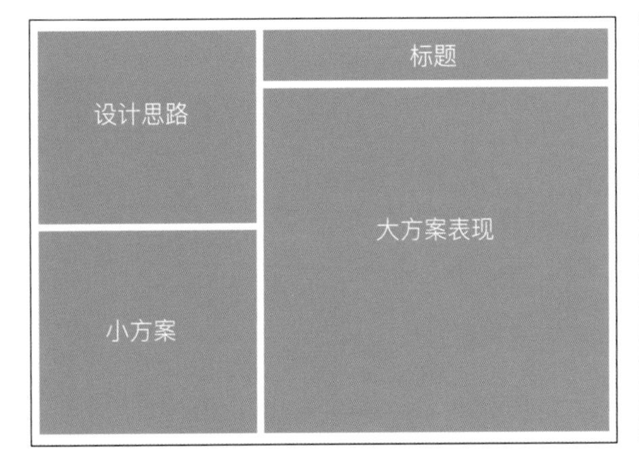

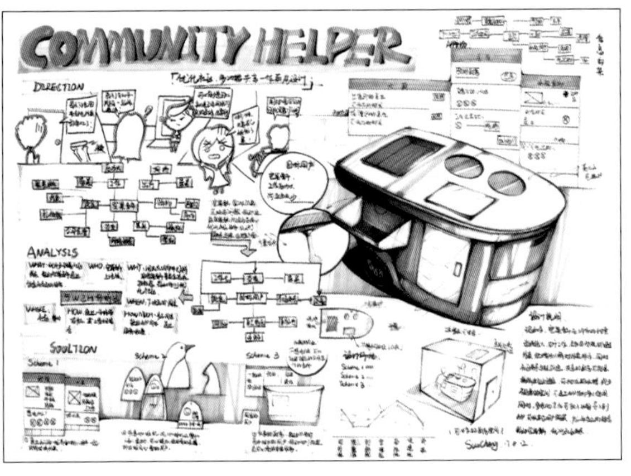

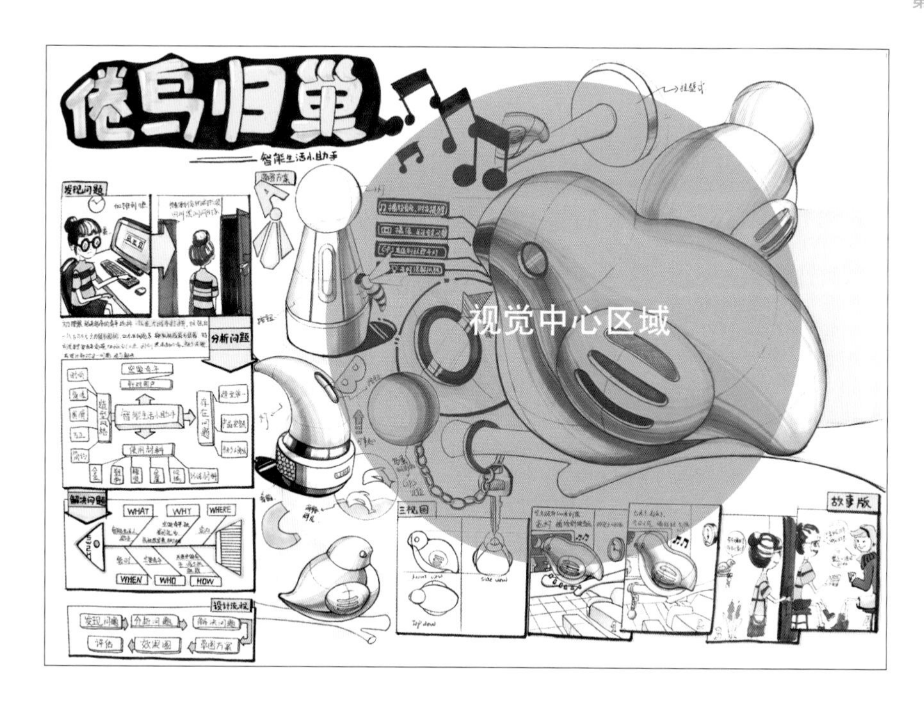

把握好主体周围的关系

主体物周围的细节图、人机图、三视图、使用场景等都需要以主体物为核心，无论从体量大小还是色彩对比来讲，都不能超过主体物，整体看上去应该是一体的，而不是各为其主的感觉。

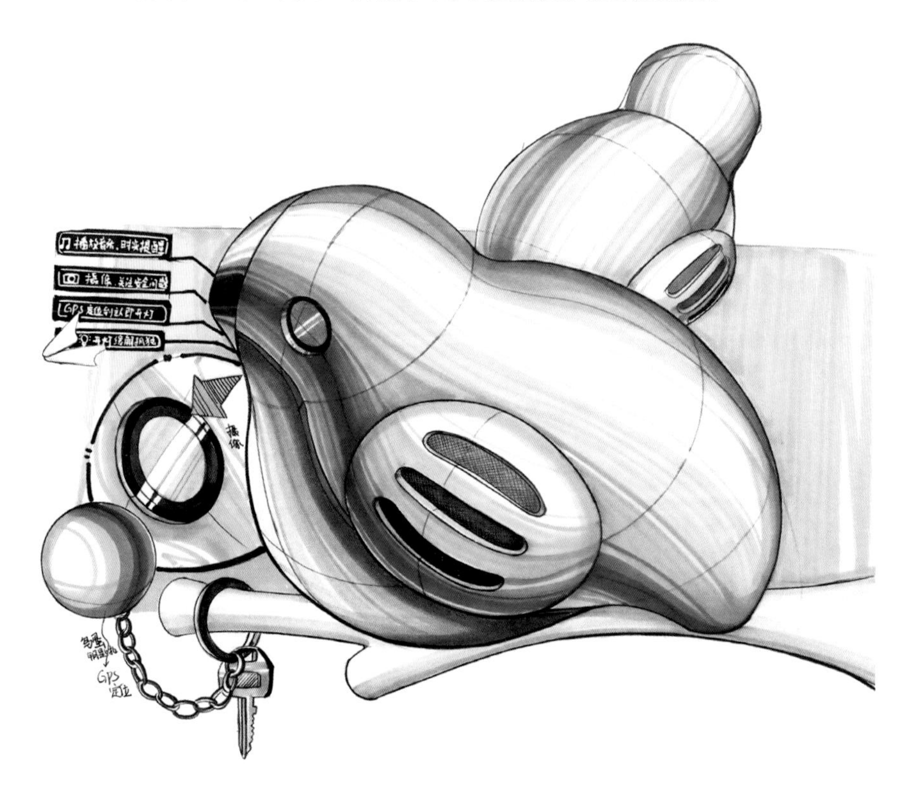

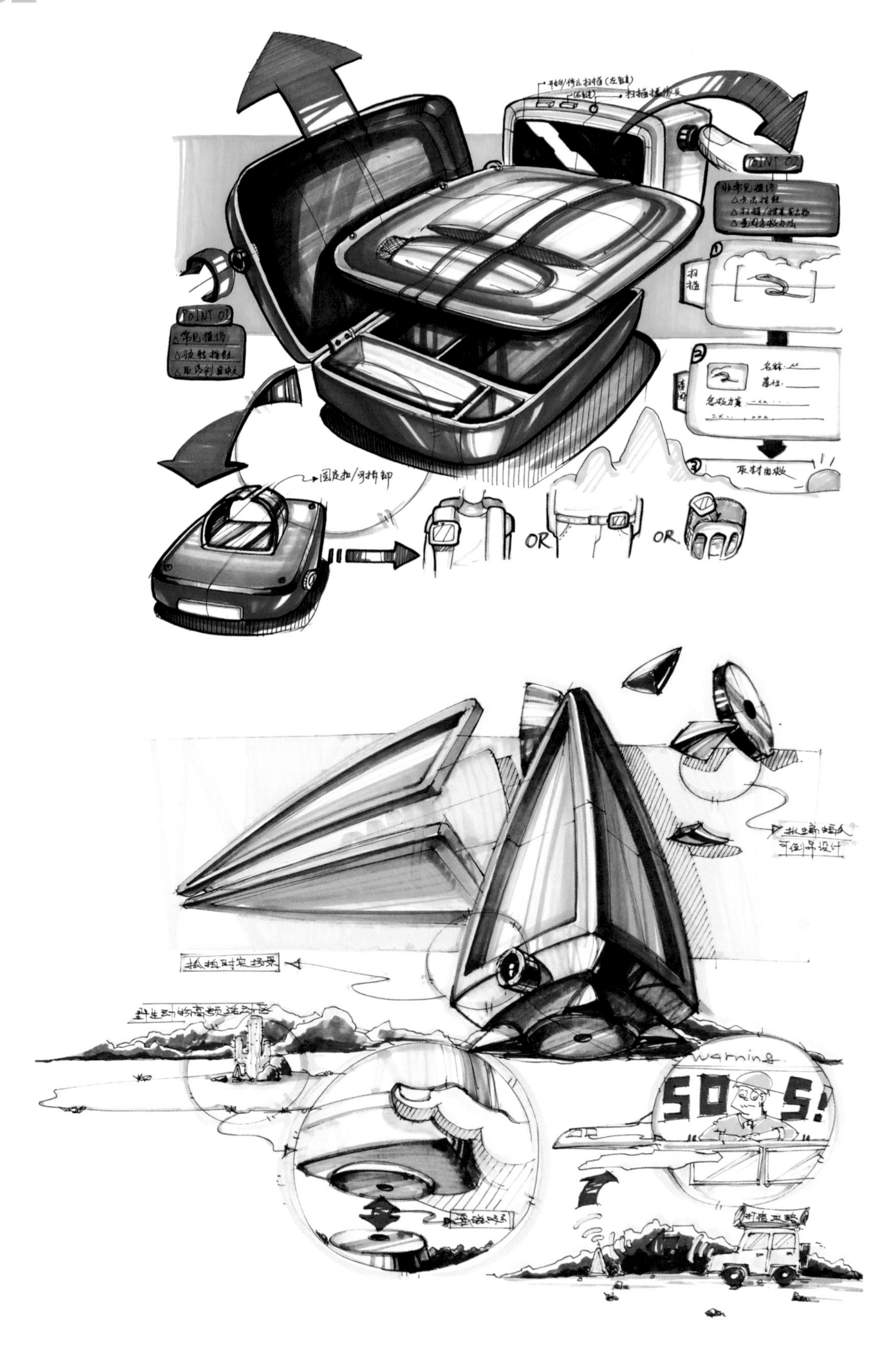

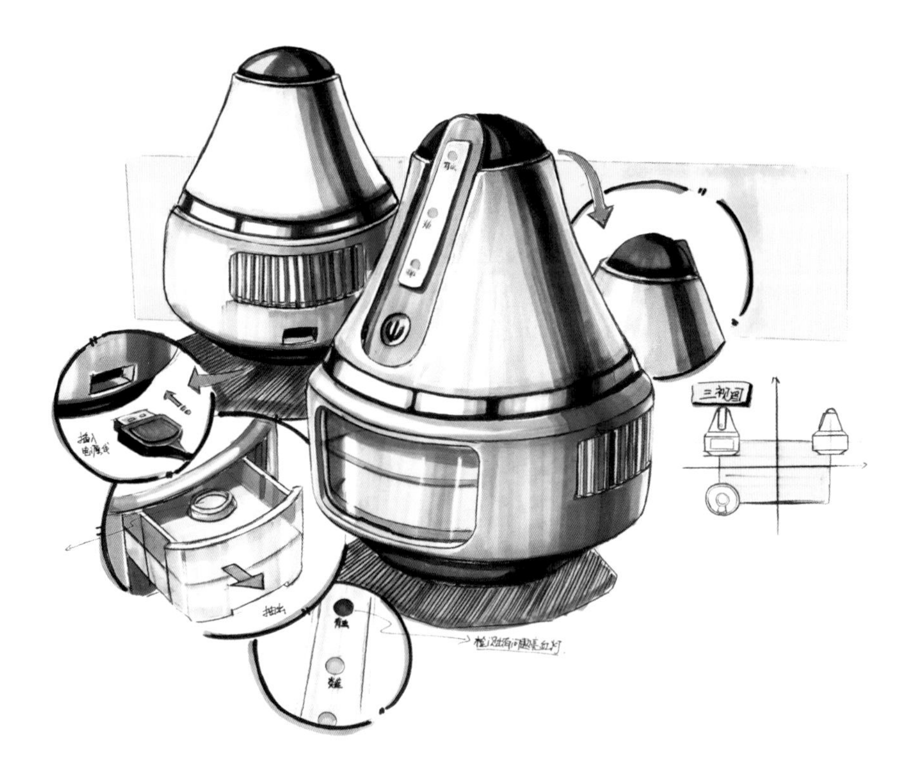

把视觉中心放在合适的位置

一般放在卷面横向和纵向的三分线的交点附近，一共有四个区域，如下图所示：

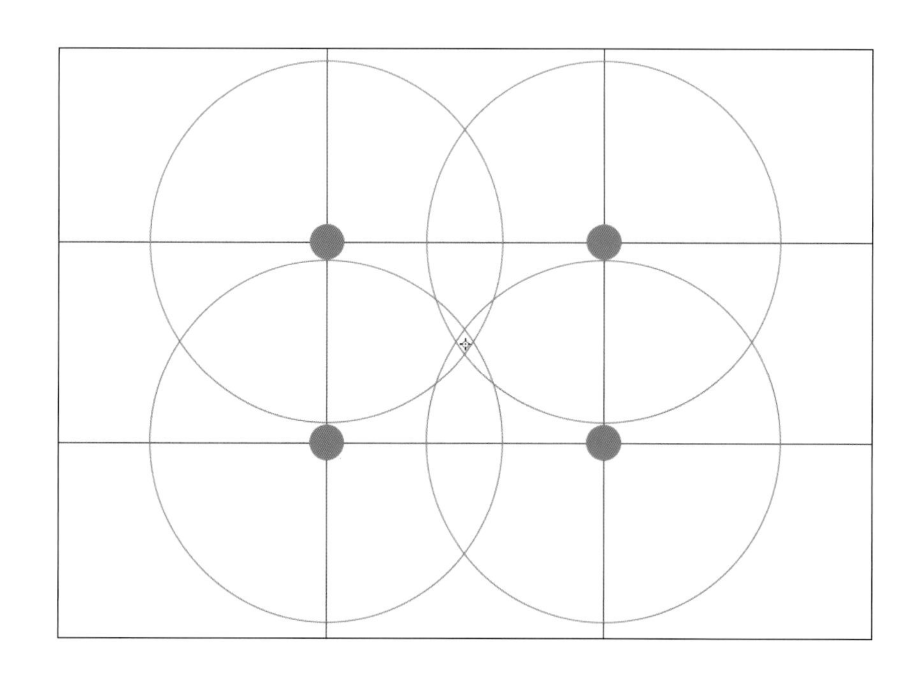

8.4 遮挡关系和层次叠加的巧妙运用

卷面需要表达的内容很多，我们需要做一个工作，就是把每个单独的部分都“叠起来”。它们相互之间是联系起来的，而不是一个个单独的个体。运用遮挡，不是为了省空间，而是为了塑造多重空间的感觉。

多层次是让视觉感受丰富的一个重要原因。如果每个个体都分散开，我们只能看到一层空间，显得十分单调。如果运用遮挡关系把个体叠加起来，我们能看到多层次的空间。这里需要遵循近大远小的原理。

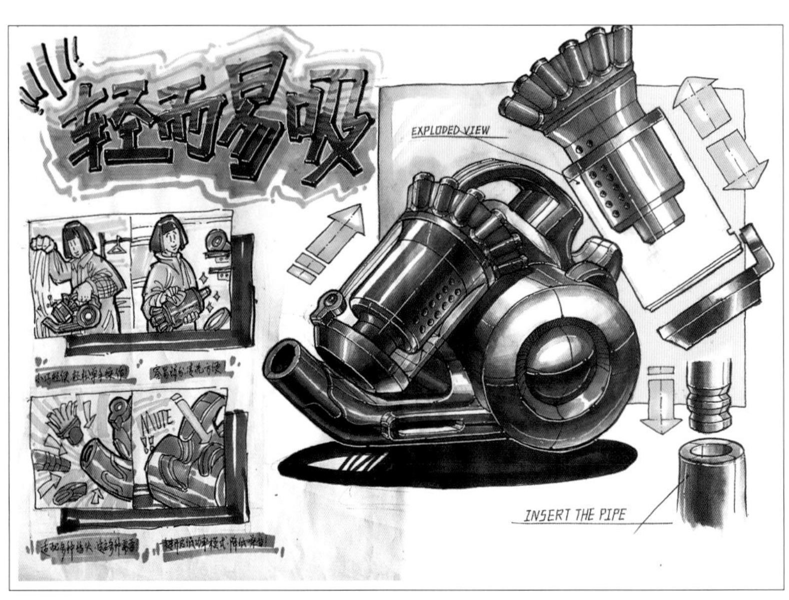

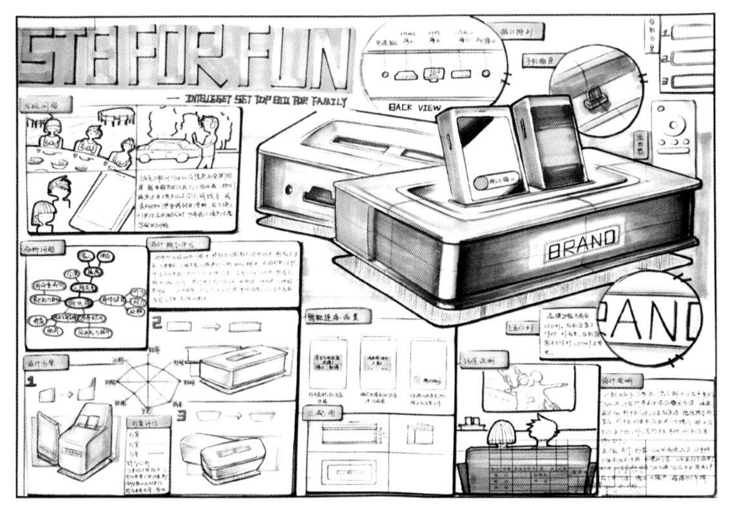

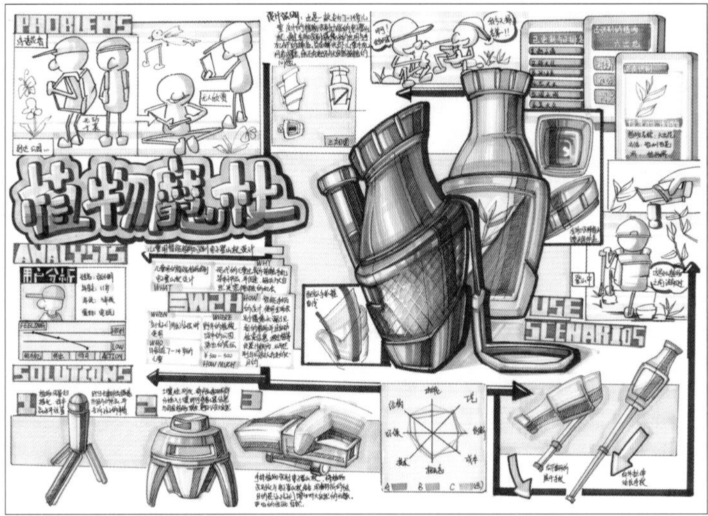

8.5 选择合适的配色方案

色彩对人的感受影响是很大的。处理好画面中的色彩关系，无疑是非常重要的部分。请注意一下几个要点：

1. 一般来讲，一张卷面中，大面积使用的颜色不应超过三种，否则画面很容易变得混乱。
2. 尽量选择同一色系的颜色搭配，总体感觉上应形成一个较明显的色调，比如是红黄色调还是蓝灰色调。
3. 色彩也是有明暗关系的，每个产品、有体积的物体都需要把亮、灰、暗的明暗关系表现得明显，否则整张画面会没有体积感。

8.6 优秀快题展示

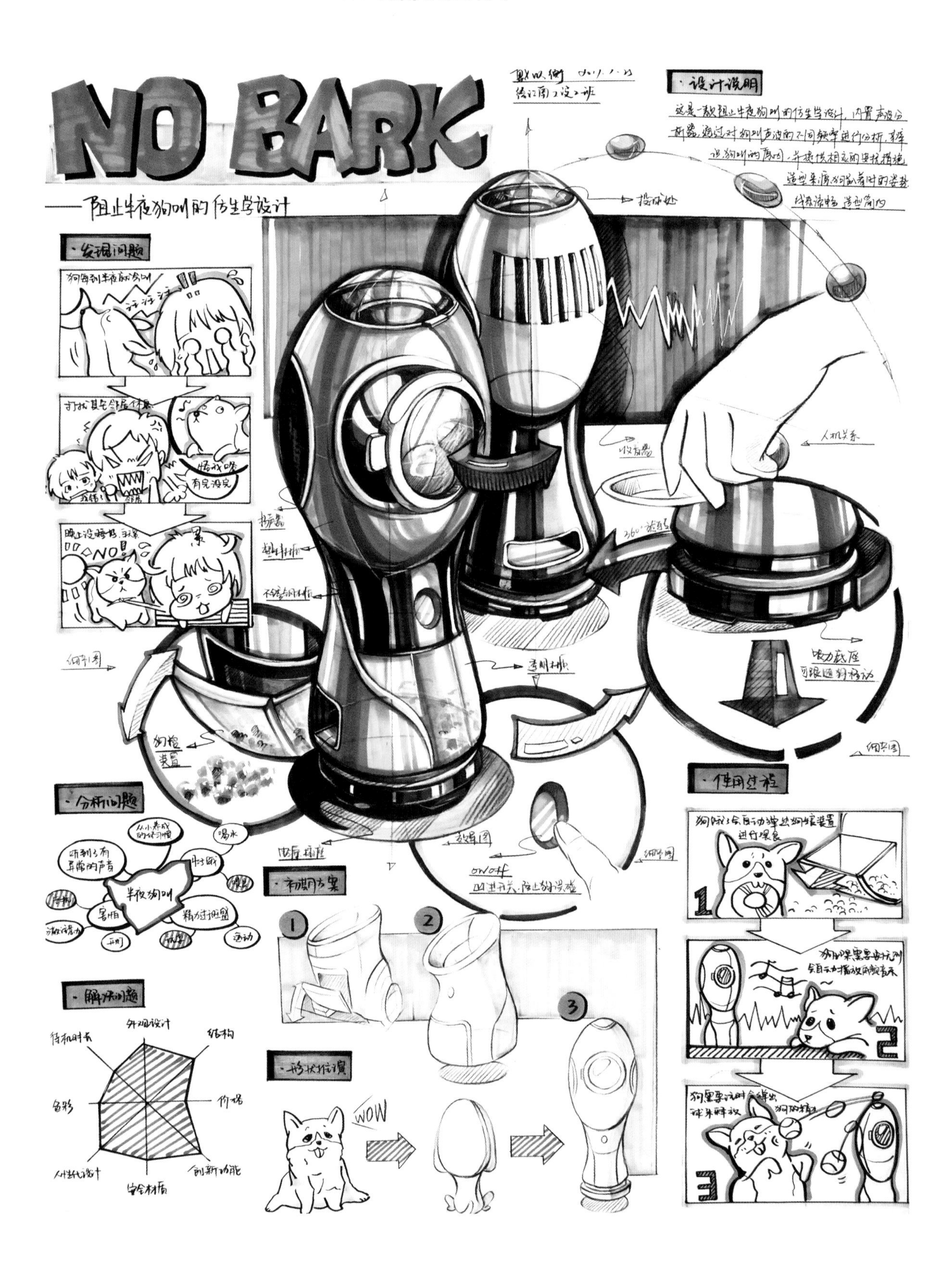
NO BARK
——阻止半夜狗叫的仿生学设计
设计说明
发现问题
分析问题
解决问题
初期方案
形状衍变
使用过程
WOW
NO
半夜狗叫
喝水
外观设计
结构
价格
创新功能
安全材质
色彩
1
2
3

Climber
——户外应急呼救登山杖
设计说明
本款产品是针对户外登山爱好者设计的应急呼救登山杖，主要创新之处是通过无线电传输的应急呼救灯以及动能灯带，可以在紧急情况下让队友发现自己所在的处境并加以及时的救援。
发现问题
今天天气很好去登山吧！
分析问题
户外应急
用户旅程图
HELP!!
解决问题
WHAT
应急求救登山杖
WHY
WHEN
WHO
5W2H
WHERE
HOW MUCH
500～600元
HOW
产品设计分析
设计提案
1
2
3
应急灯
GPS显示
故事版
三视图
120cm

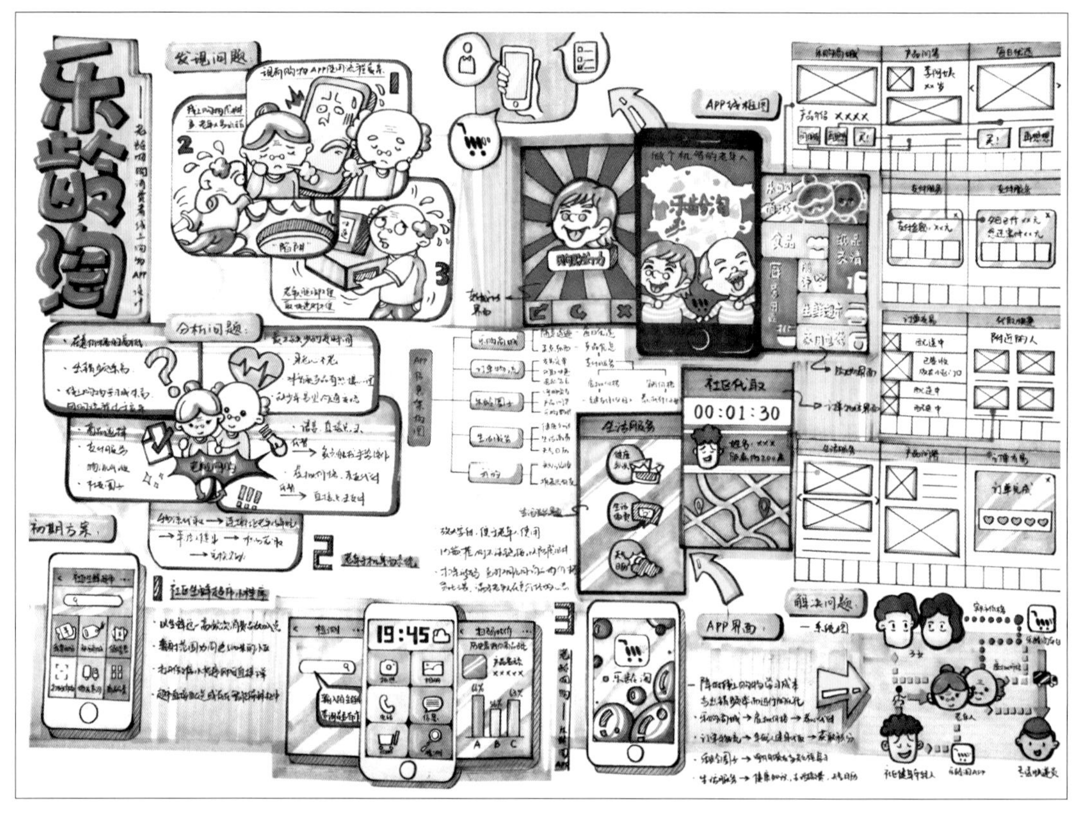

乐龄淘
发现问题
分析问题
初期方案
APP框架图
社区代取
00:01:30
生活服务
19:45
A B C
乐龄淘
APP界面
解决问题

Drink Lefter
direction
KFC
analyse
Scheme
Share Half APP
Share Half
Temporary
Solution

发现问题
设计说明
Animal Guardians
基于VR动物保护游戏设计
分析问题
解决方案
方案 1. 2. 3.
FRONT
LEFT
TOP
三视图

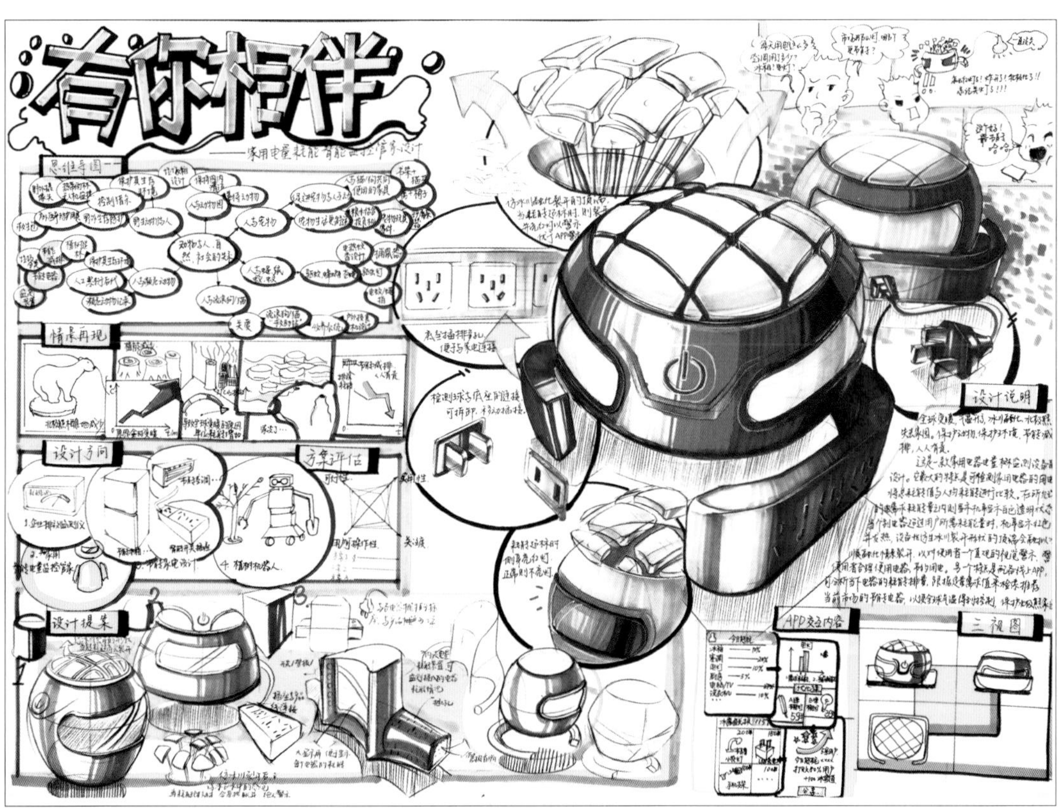
有你相伴
思维导图
情景再现
方案评估
设计提案
设计说明
APP交互内容
三视图

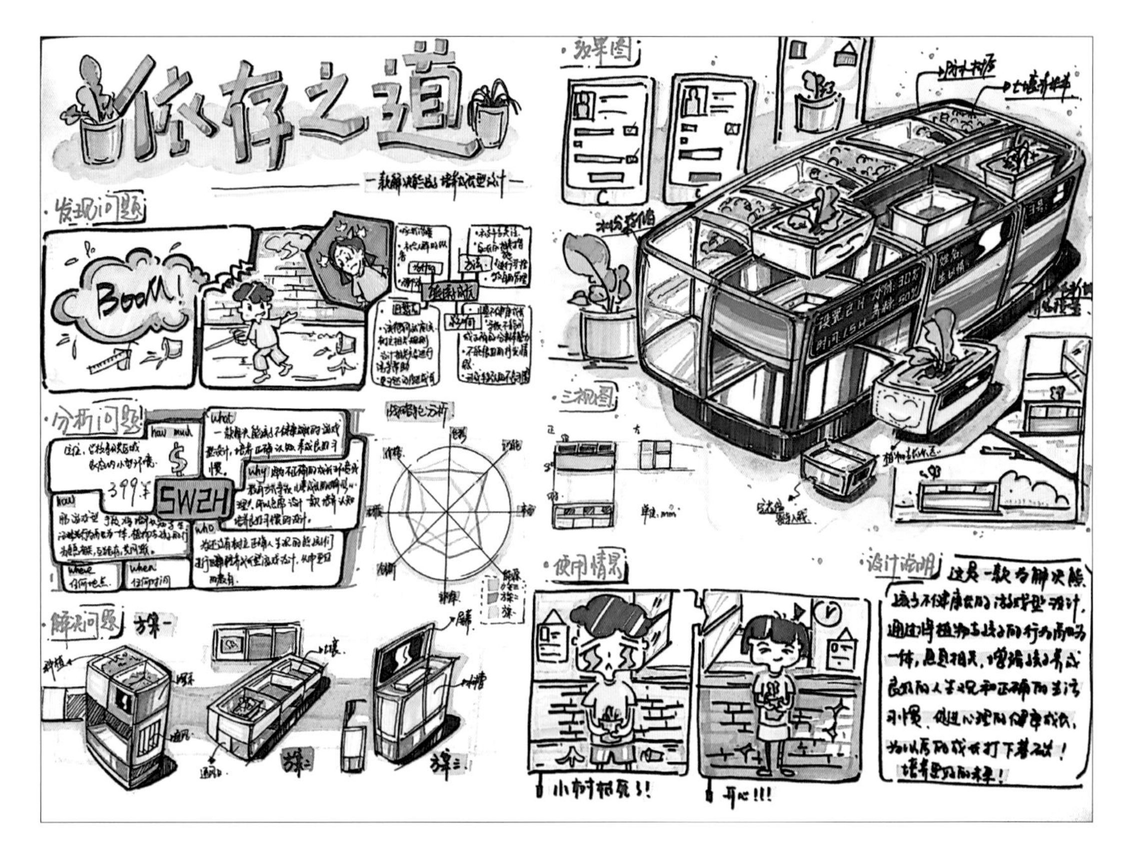
依存之道
发现问题
Boom!
分析问题
5W2H
解决问题
方案一
效果图
三视图
使用情景
设计说明

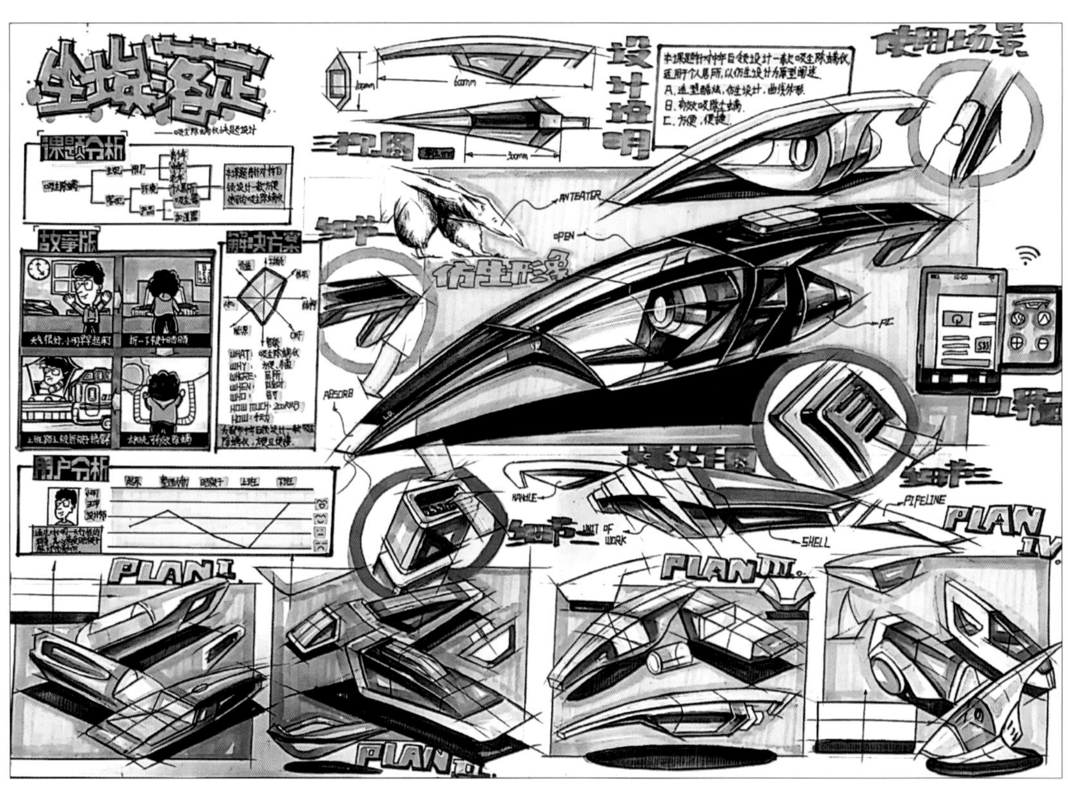
设计说明
使用场景
课题分析
故事版
解决方案
用户分析
仿生形象
ANTEATER
OPEN
ABSORB
HANDLE
PIPELINE
SHELL
PLAN I.
PLAN II.
PLAN III.
PLAN IV.

POWER to POWER
针对高校生的能源再生公共洗衣房设计
发现问题
分析问题
设计提案
解决问题
设计说明
设计流程
情景图
三视图
宿舍楼
4元

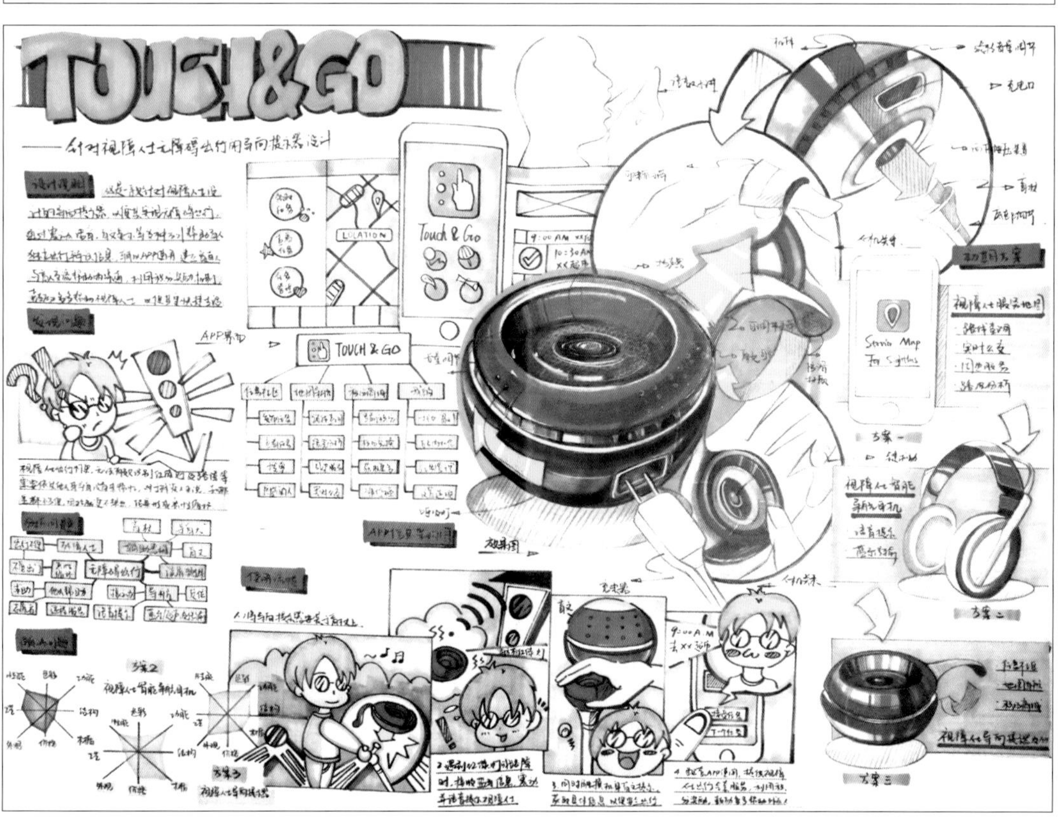
TOUCH&GO
针对视障人士无障碍出行用导向提示器设计
设计说明
发现问题
Touch & Go
TOUCH & GO
LOCATION
爆炸图
方案一
方案二
方案三

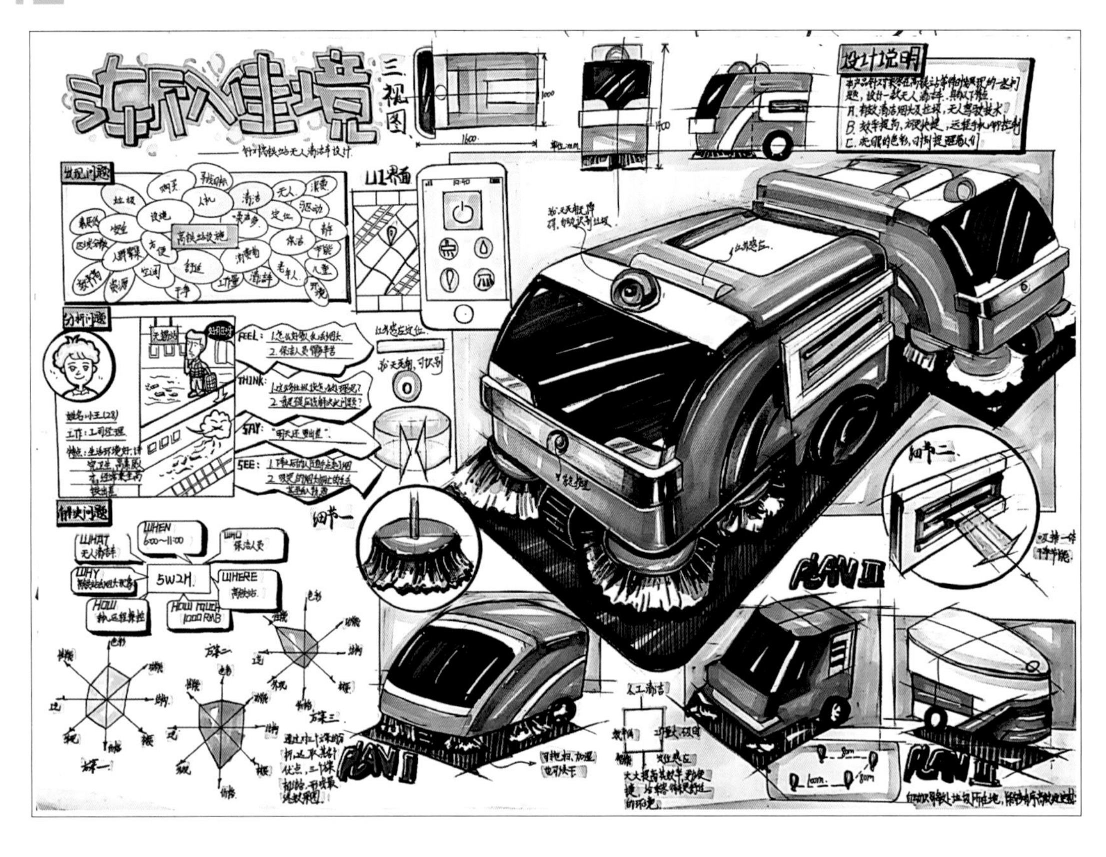
——针对地铁站的无人清洁车设计
三视图
设计说明
发现问题
分析问题
解决问题
UI界面
FEEL:
THINK:
SAY:
SEE:
WHAT
无人清洁车
WHEN
6:00—11:00
WHERE
高铁站
HOW MUCH
1000 RMB
5W2H
细节一
细节二
PLAN I
PLAN II
PLAN III
方案一
方案二
方案三

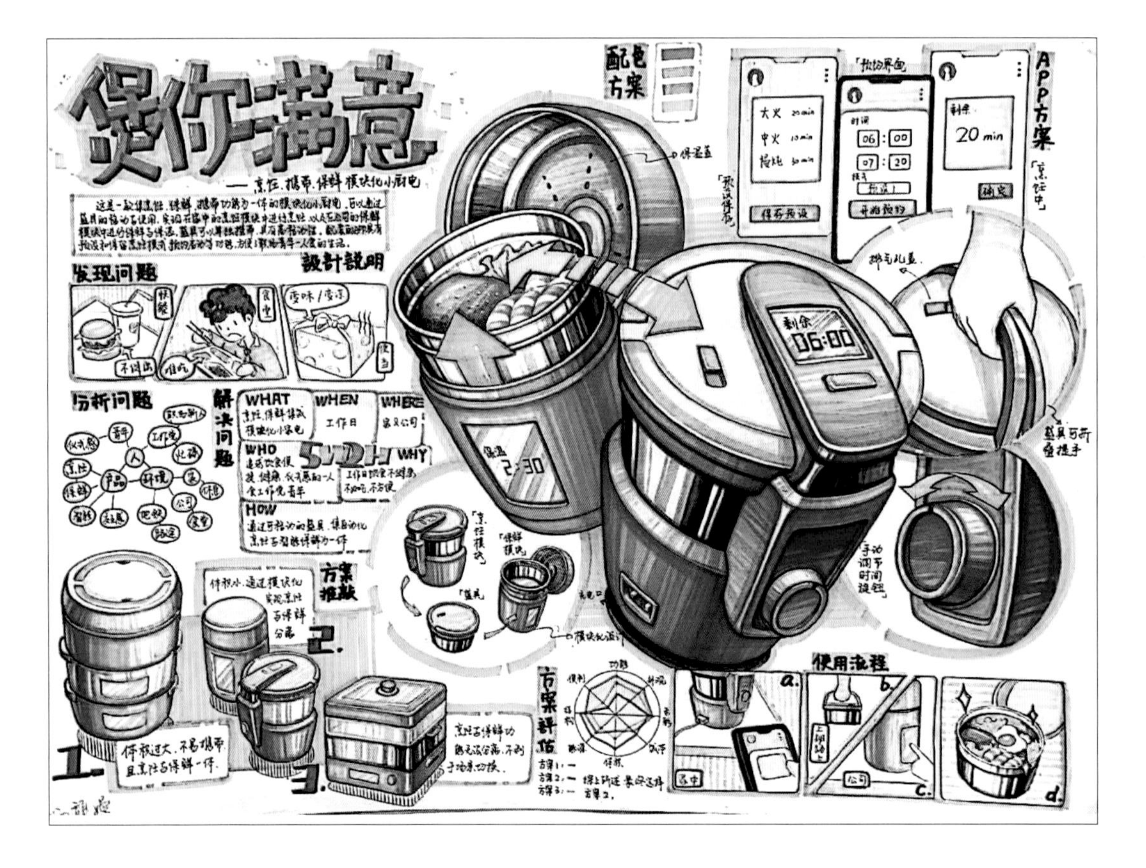
煲你满意
——烹饪、携带、保鲜模块化小厨电
配色方案
APP方案
发现问题
设计说明
分析问题
解决问题
WHAT
WHEN
工作日
WHERE
WHO
WHY
HOW
5W2H
剩余
06:00
大火
中火
20 min
确定
保存预设
方案推敲
方案评估
使用流程
a.
b.
c.
d.

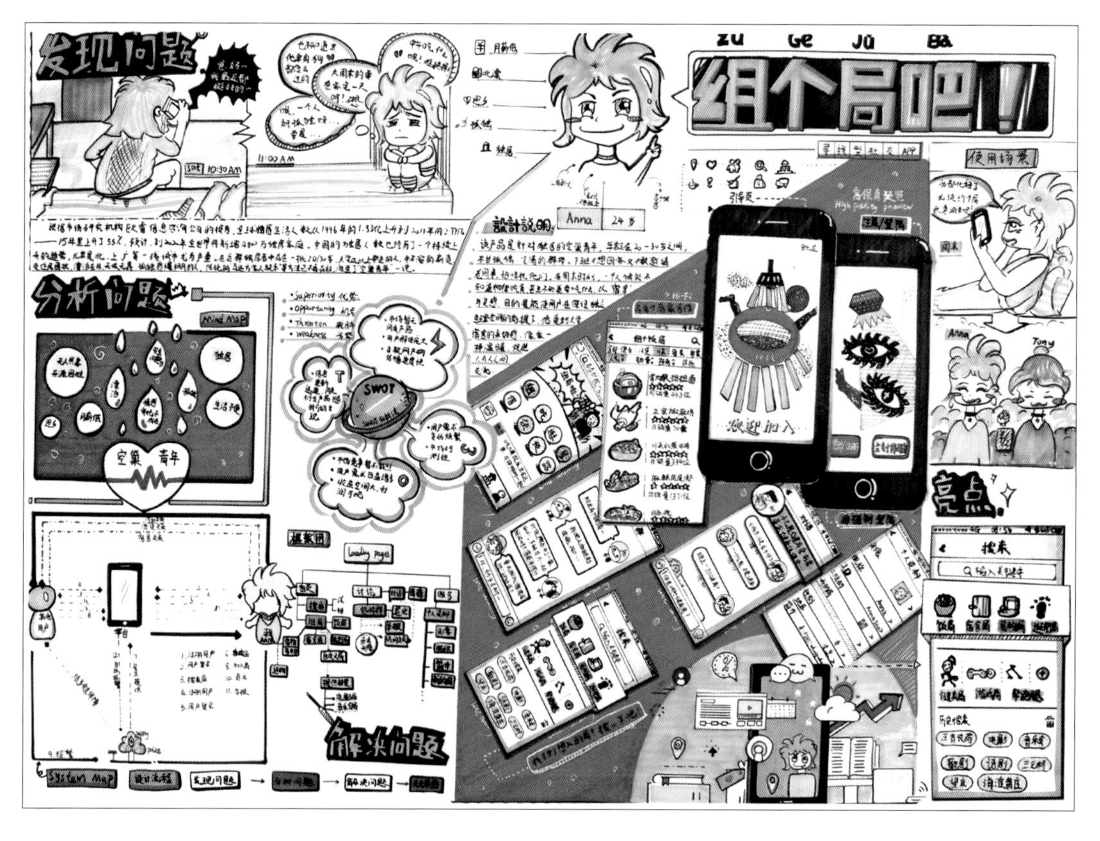
发现问题
ZU GE JU BA
组个局吧！
使用场景
设计说明
分析问题
Mind Map
SWOT
空巢 青年
Anna
Tony
欢迎加入
亮点
搜索
解决问题
System Map

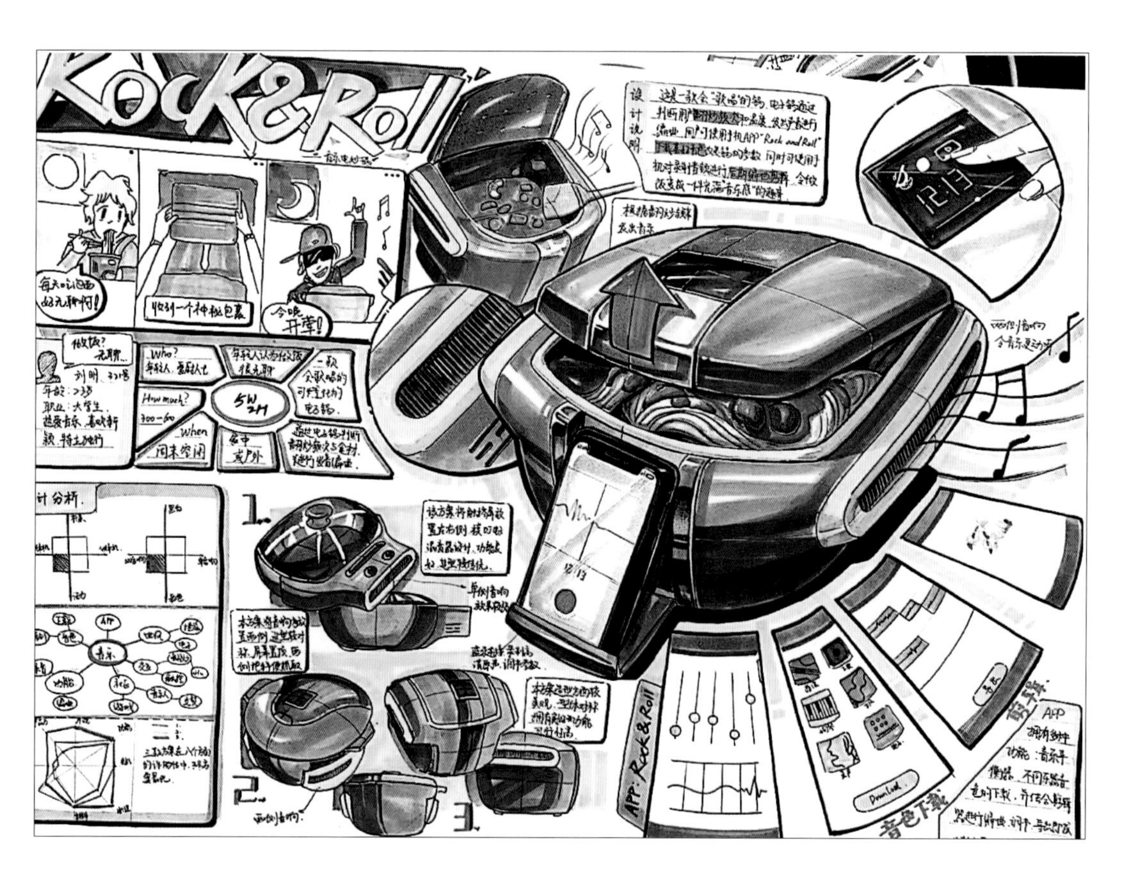
Rock&Roll
设计说明
Who?
How much?
When
5W 2H
APP: Rock&Roll
Download
APP

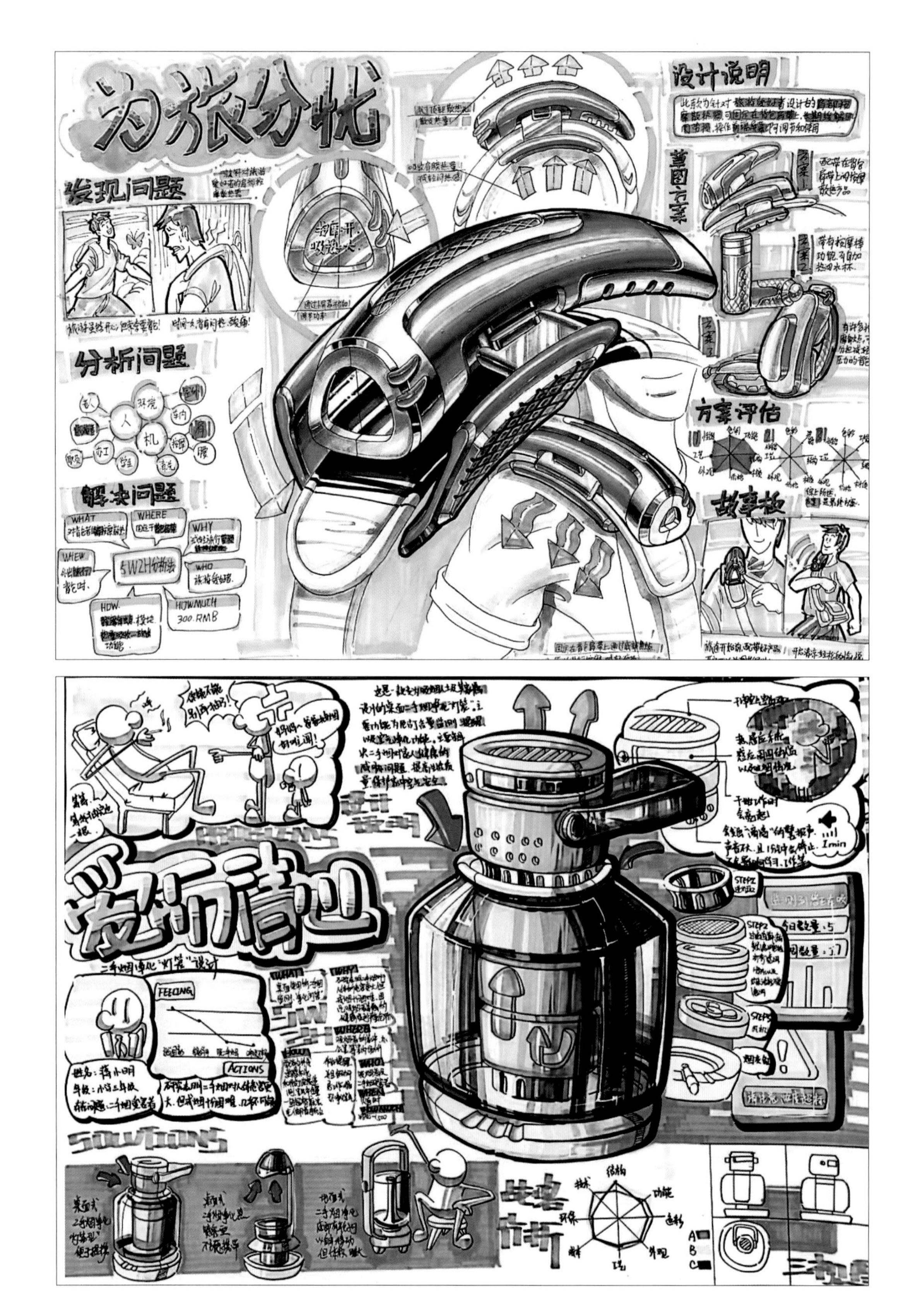
为旅分忧
发现问题
分析问题
解决问题
WHAT
WHERE
WHY
WHO
5W2H分析法
HOW
HOWMUCH
300.RMB
设计说明
草图方案
方案评估
故事板
二手烟净化"灯笼"设计
FEELING
ACTIONS
SOLUTIONS
STEP2
STEP3
1min
结构
功能
外观
技术
环保
A
B
C

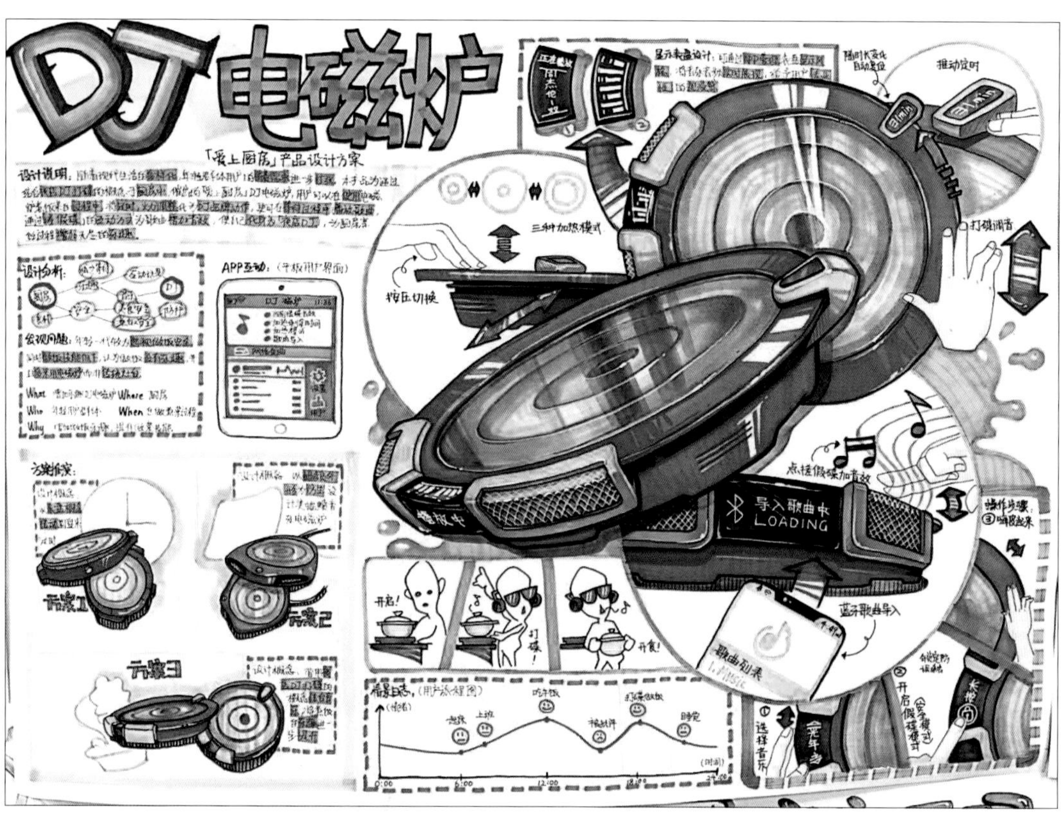
DJ电磁炉
「爱上厨房」产品设计方案
设计说明：
设计分析：
发现问题：
APP互动：（手板用户界面）
方案假设：
方案1
方案2
方案3
三种加热模式
按压切换
推动定时
打碟调音
点接假碟加音效
导入歌曲中
LOADING
蓝牙歌曲导入
歌曲列表
开启！
开火！
场景日志（用户旅程图）
操作步骤：
选择音乐
开启假碟模式

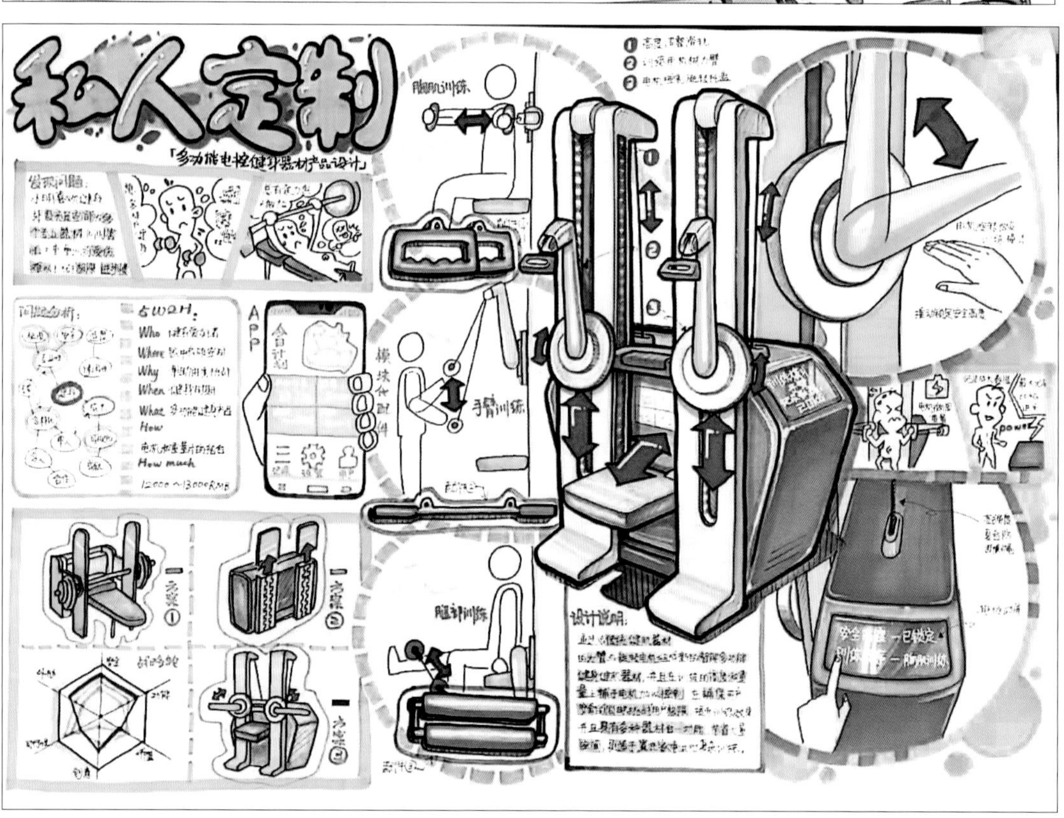
私人定制
「多功能电控健身器材产品设计」
发现问题：
问题分析：
5W2H：
Who
Where
Why
When
What
How
How much
12000～13000RMB
APP
胸肌训练
手臂训练
腿部训练
模块化部件
设计说明：
方案①
方案②
方案③
安全带 — 已锁定
训练选择 — 胸肌训练

第 8 章课后作业

作业内容：

A. 为街道清扫人员设计一套便捷式打扫器具。

B. 为更好地与社区邻里和睦相处，促进邻里关系，以社区为载体，做相关设计。

C. 设计一款创新家庭式自行车。

D. 关爱白领久坐不站的问题。

E. 请以 “ 中国高铁 ” 为载体，为其设计一款产品，解决在乘坐高铁时面临的问题。

1. 每个题目出 2~3 个方案，进行设计思维的小方案练习。
2. 任选其中 5 个方案进行快题练习。

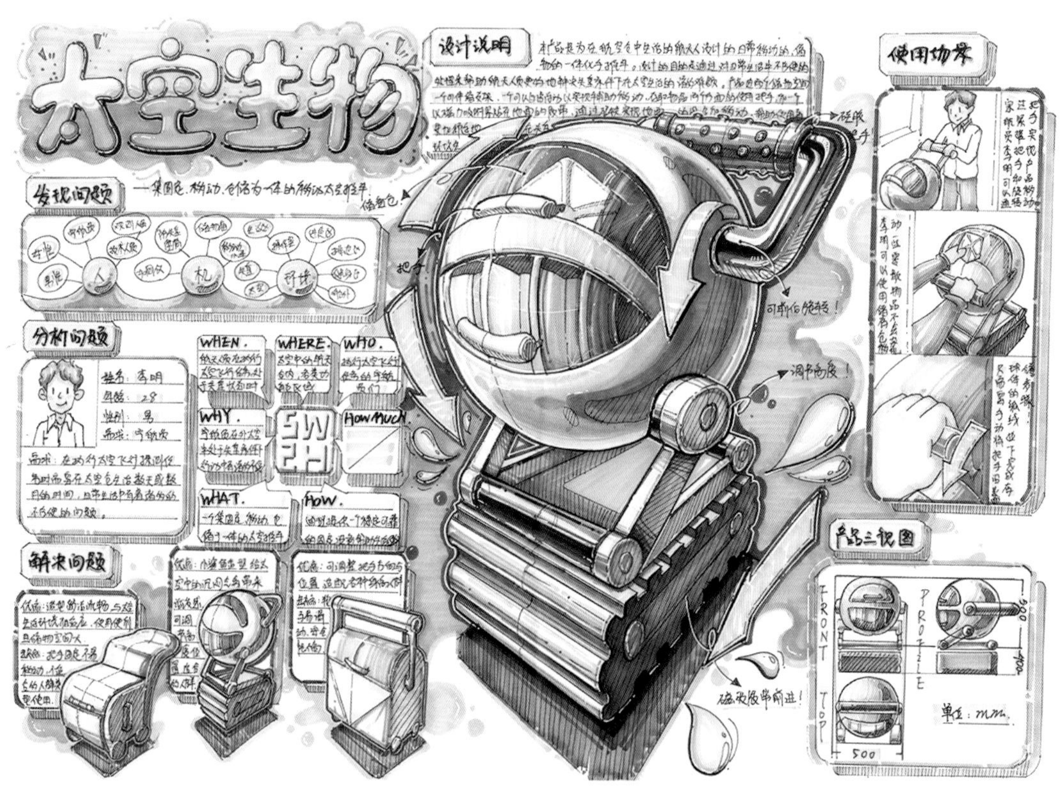

太空生物
设计说明
使用场景
发现问题
分析问题
WHEN.
WHERE.
WHO.
WHY.
HOW MUCH
WHAT.
HOW.
解决问题
产品三视图
FRONT
PROFILE
TOP
500
单位：mm

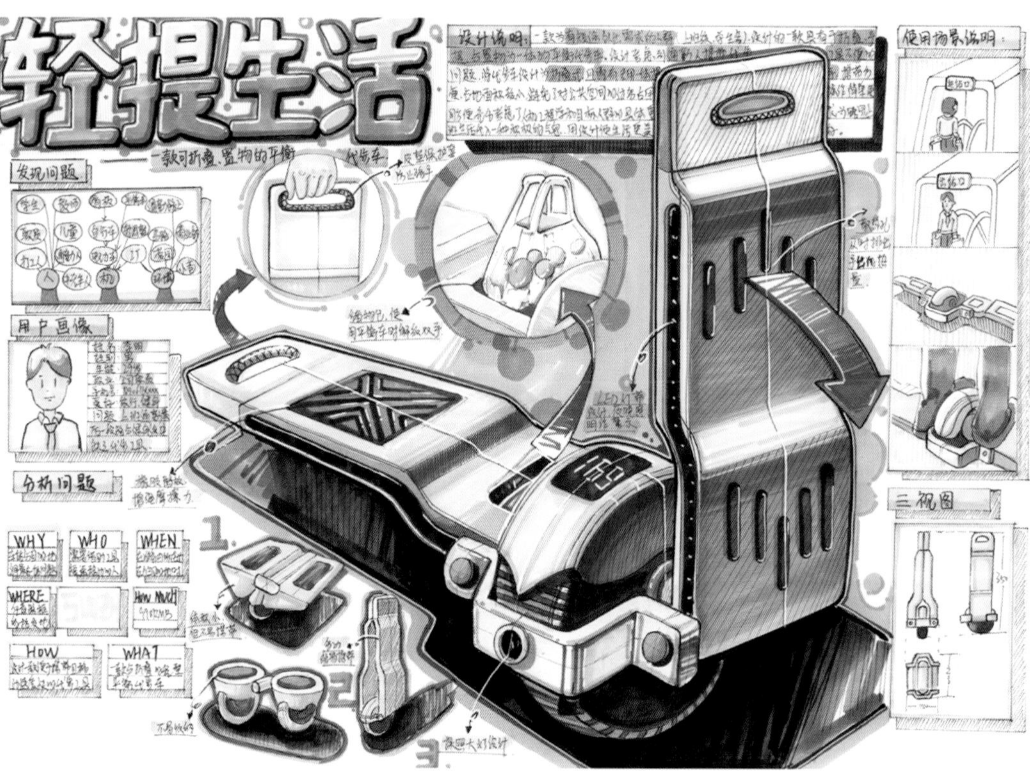

轻提生活
设计说明
使用场景说明
发现问题
用户画像
分析问题
WHY
WHO
WHEN
WHERE
HOW MUCH
HOW
WHAT
三视图
1
2
3

发现问题
寻找新主人
利用网络收养流浪动物设计
分析问题
PEST分析
解决问题
SW2H分析
故事板
设计提案
设计说明
A.
B.
C.
CLEAN
EVERYWHERE
可吸附式手部清洁喷雾
发现问题
分析问题
解决问题
SW2H分析
设计说明
故事板

第 9 章 产品分类练习和素材参考

9.1 家居用品类

9.2 医疗用品类

9.3 儿童产品类

9.4 老年人用品类

9.5 特殊人群用品类

9.6 公共设施和服务类

在打好手绘透视及线条的基础上，可以适当进行工业设计的临摹。分为两个阶段：

第一阶段，即基础薄弱阶段，可以选择临摹一些产品的手绘临摹，比如选择一些口碑好的手绘书上的作品。或者选择细节相对较少的照片进行产品临摹，包括产品的材质、造型、角度和设计的创新点都进行较为详细的临摹，此时不需要加进自己的设计想法，只需将眼睛看到的画出来，增加自己脑海中的产品造型基础储存量。选择临摹时要求透视准确，造型比例得当，同时不能盲目抄描，要考虑正常的光影体积。

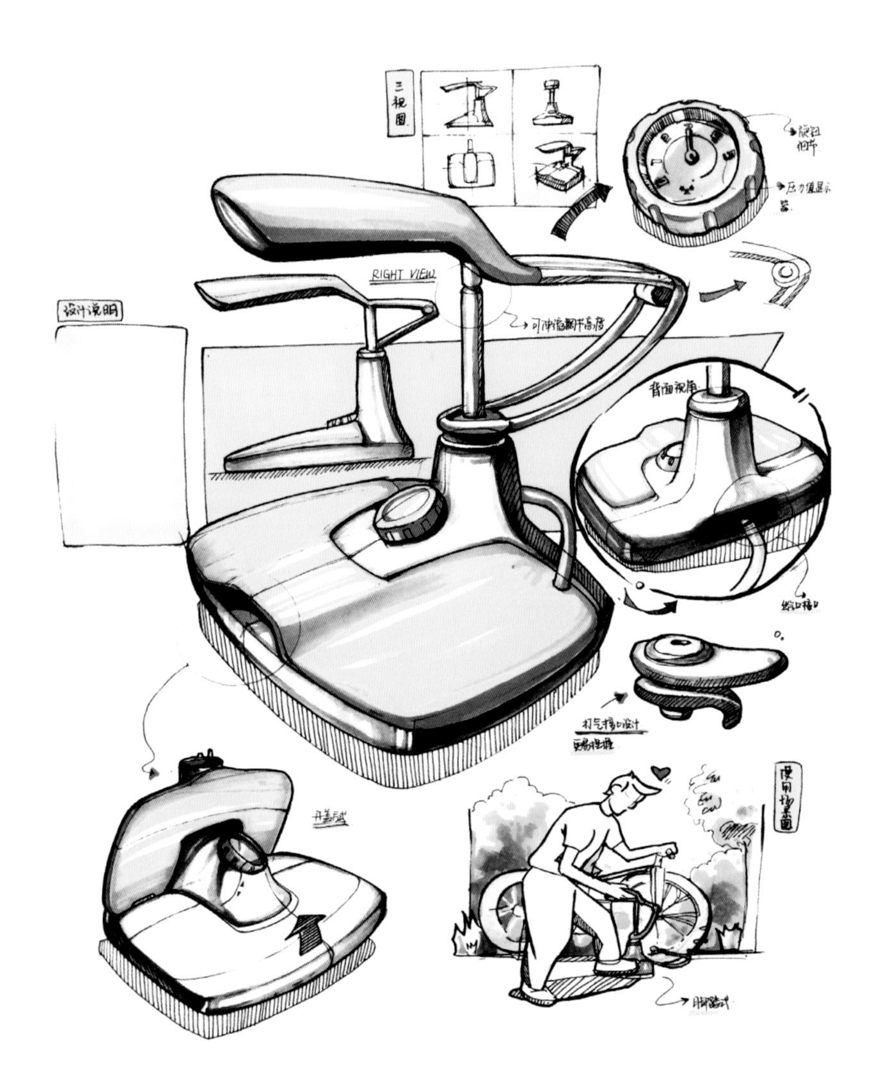

第二阶段，即手绘进阶阶段，可以在网络上收集一些真实产品的资料。按照产品的使用功能和可能联想的设计点进行分类整理并写生。由于在描绘真实产品的时候需要自主归纳线条体块，所以对提升自身造型能力很有帮助，能够为之后画快题积累素材。

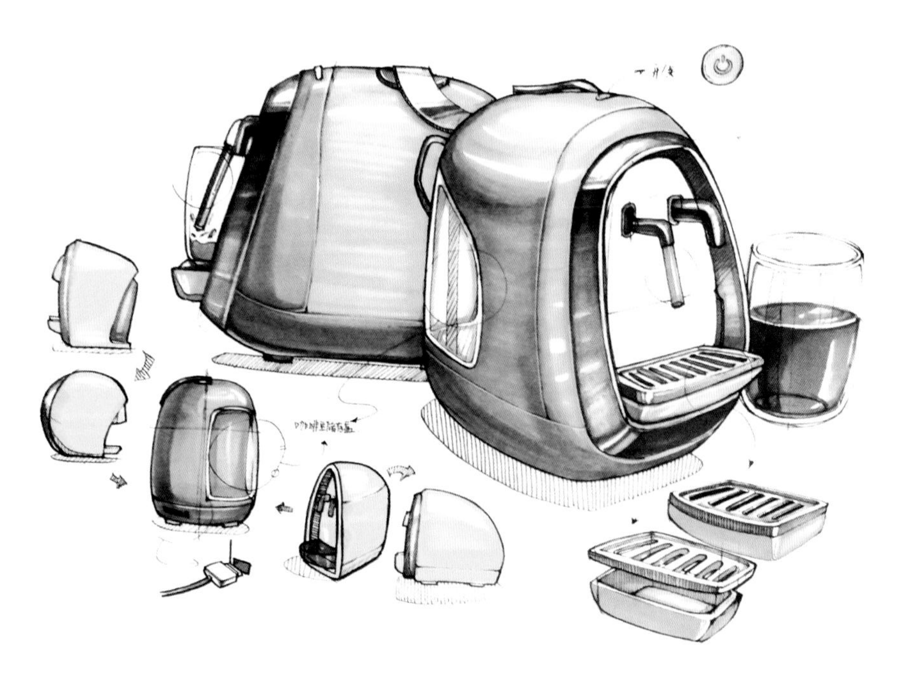

9.1 家居用品类

家居用品类泛指家具、厨卫用具、室内配饰及日常生活需要的商品，统称为家居用品。这一部分是工业设计考研的必考方向之一，需要合理准备。广义的家具是指人类维持正常生活、从事生产实践和开展社会活动必不可少的一类器具。

狭义家具是指在生活、工作或社会实践中供人们坐、卧或支撑与贮存物品的一类器具与设备。家具不仅是一种简单的功能物质产品，而且是一种广为普及的大众艺术，它既要满足某些特定的用途，又要满足供人们观赏的需求，使人在接触和使用过程中产生某种审美快感和引发丰富联想的精神需求。

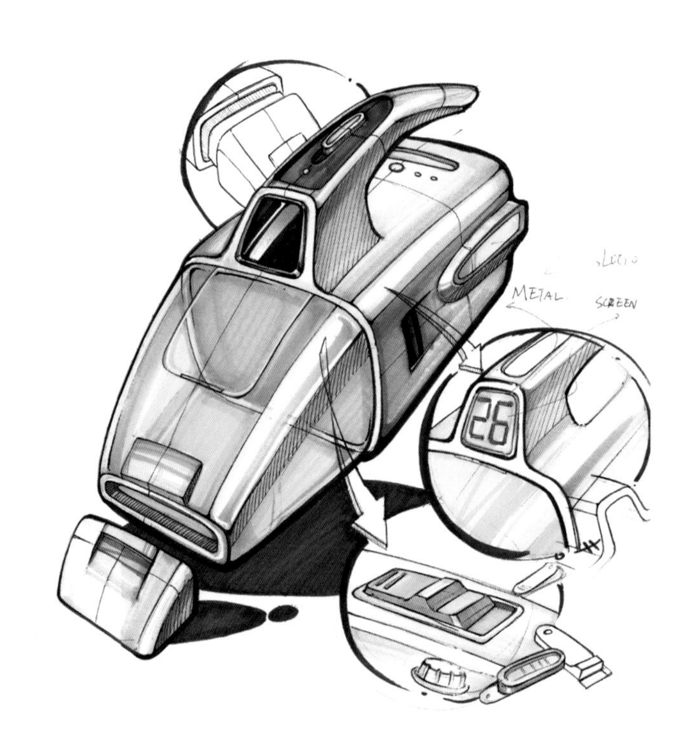

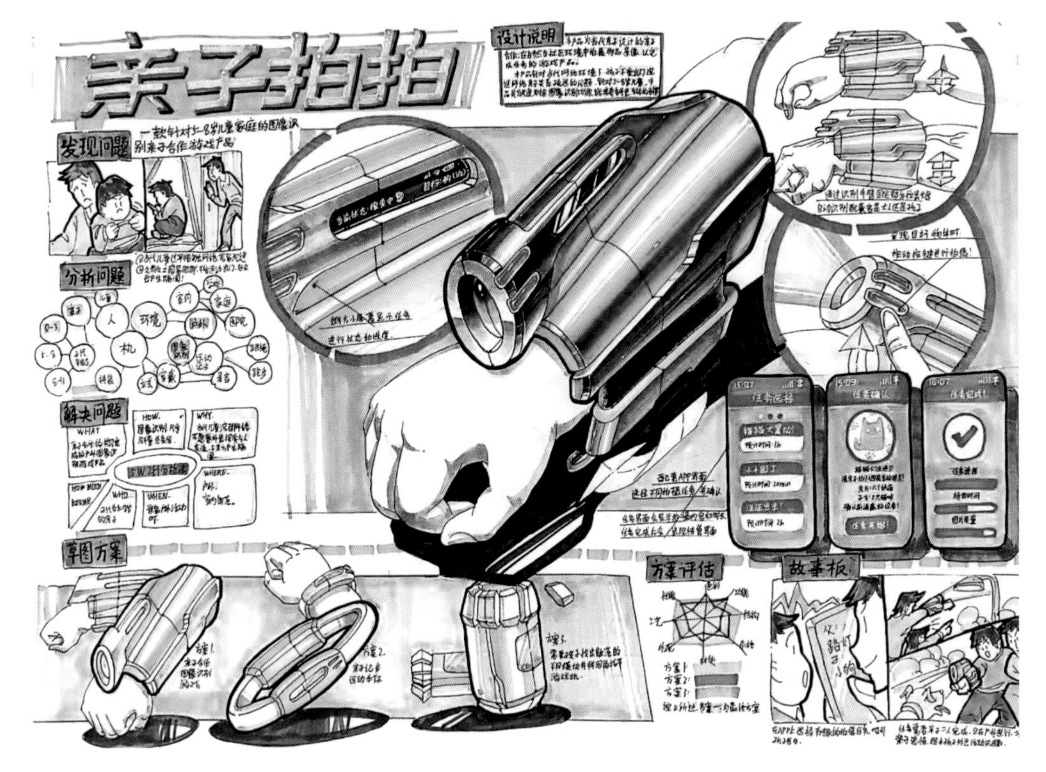

9.2 医疗用品类

医疗用品范围可以包括家用医疗用品、宠物医疗用品、户外应急产品等。需要考虑卫生、健康、便捷等方面。医疗用品离我们很近，从小的方面来说，平时包扎伤口所需要的物品，药瓶、塑料、透明瓶、塑料瓶、眼水瓶及液体药瓶都是医疗用品的范畴。从大的方面来说，手术所需要的大型器械产品、平时健身的一些器械产品也包含在内。总体而言，医疗用品就是医学所用的辅助性器械或物品。

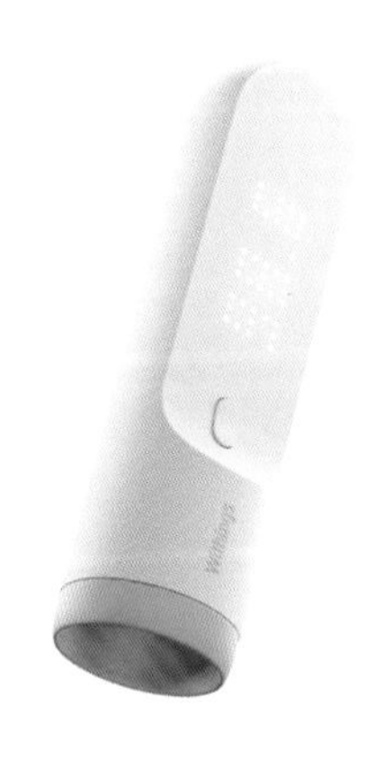

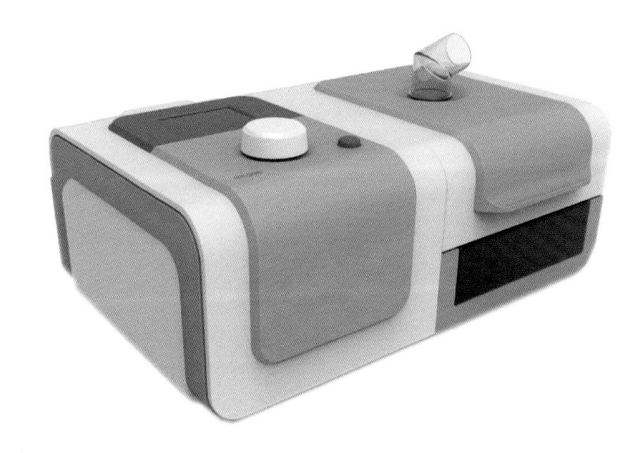

9.3 儿童产品类

儿童作为需要关怀的一大群体，在设计时，要满足儿童的心理需求，为儿童创造适合他们身体和情感关怀的产品，要充分考虑其特殊的生理、心理特征。对这个幼小的群体，我们需要倾注更多的尊重和爱。尊重表示着孩子们需要被认真对待，而不是被想当然地认为就是简单、幼稚。爱表示我们要为孩子们创造优秀的产品及体验。可以多运用一些圆润造型，色彩更加活泼，同时注意，要考虑产品的安全性，零件不宜过分细小。

9.4 老年人用品类

老年用品产业是以老年人为服务对象，提供老年服装服饰、日用辅助产品、养老照护产品、康复训练及健康促进辅具、适老化环境改善等产品的制造业。为老年人解决一些问题，不仅是对他们生活的照顾，更是对人性的呵护。在准备考题时，需要多积累针对于弱势群体的设计概念。

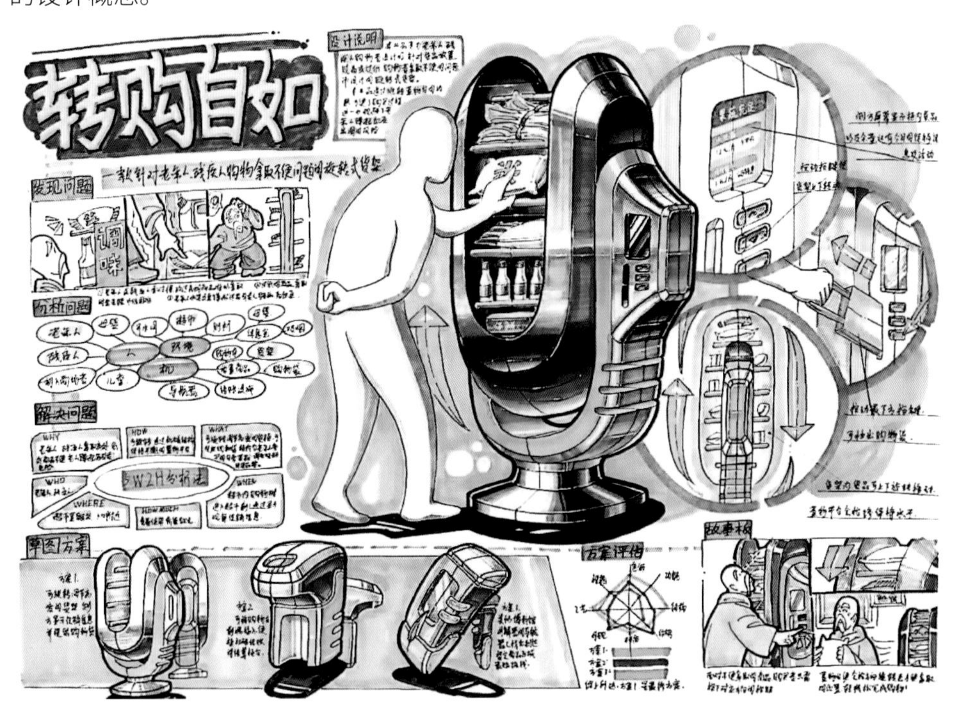

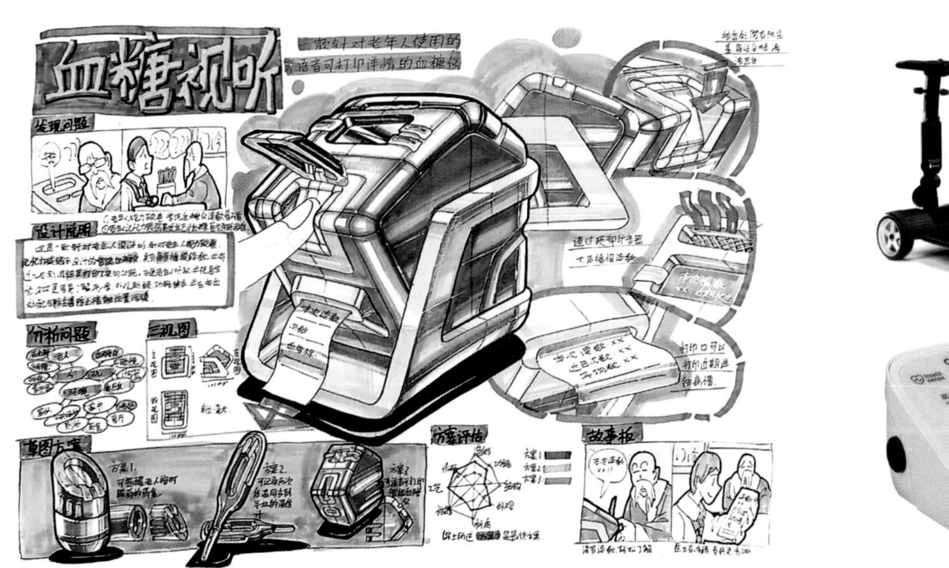

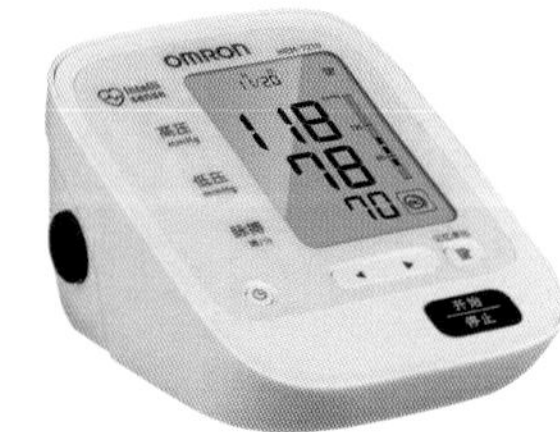

9.5 特殊人群用品类

特殊人群包括残疾人、孕妇、乳母、疾病患者。需要针对他们各自的情况进行设计，为其生活提供更多便利与服务，关注产品对其心理的正面影响，避免不良影响。

例如，在我们的生活中，目前的设计不能很好地引导老人、残疾人等特殊人群使用互联网。对于那些视力、听力以及学习能力上有障碍的人们来说，在每一个他们想上网的途径背后都隐藏着巨大的使用障碍。但是，建立一个适用于这种特殊人群的网站并没有想象得那么难。

英国籍设计师 Laurence Berry 曾说，要想设计出一个适用于某类用户的产品，首先要明白他们所要面对的障碍。这句话听起来似乎显而易见，但这确实是设计出适用于用户产品的第一步。

了解了第一步，那么实行就是第二步。虽然程序看似繁杂，但如果不去这样做的话，用户就会在使用产品时遇到更多障碍。

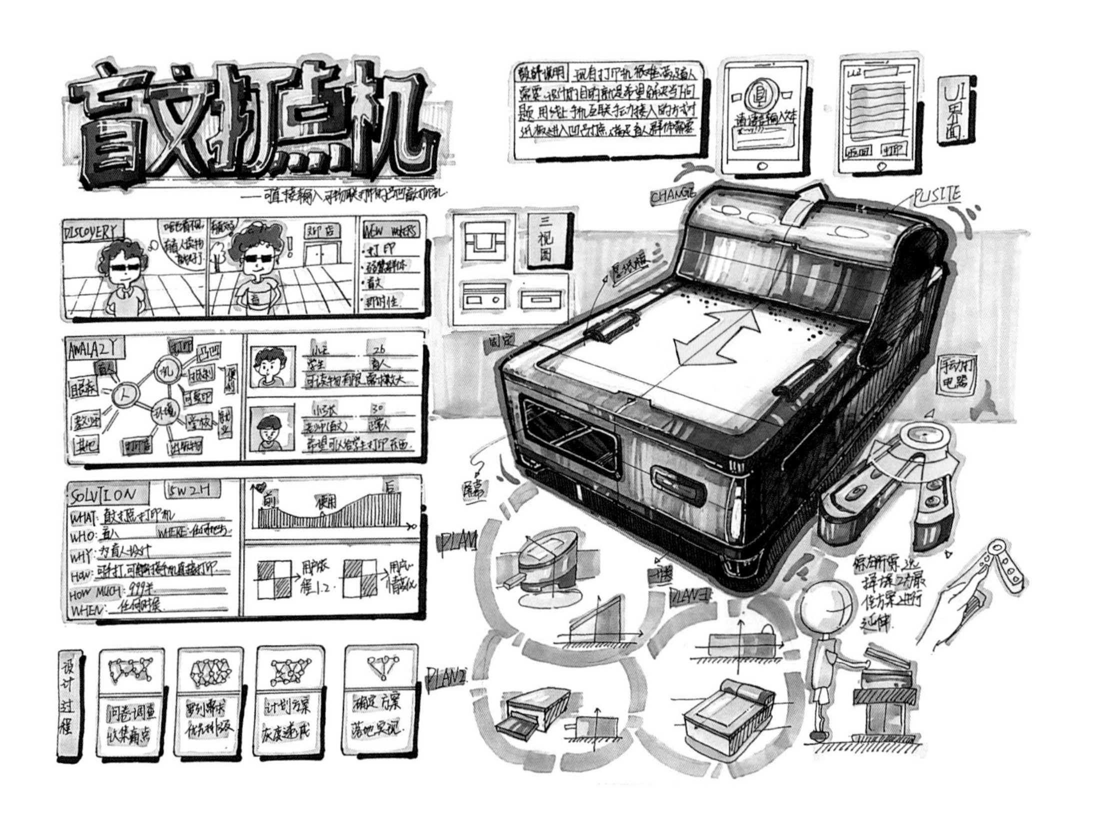

全世界的设计师都开始意识到，创造出能促进包容性的产品，并考虑到有特殊需求的用户的需求是多么重要。不管是为坐轮椅的人，还是为聋哑的人，或是为视力受损的人，新的改良设计层出不穷，目的是帮助他们轻松应对日常生活。

乐高积木现在也教孩子们盲文。乐高盲文砖为盲人提供实际上最明显的触摸语言，允许孩子构建句子，同时也可以去阅读。

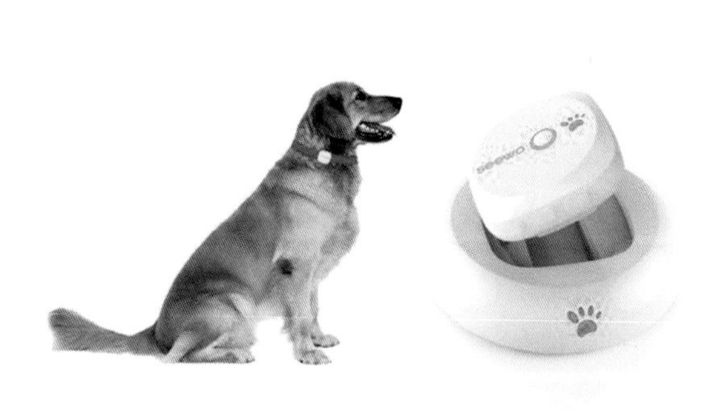

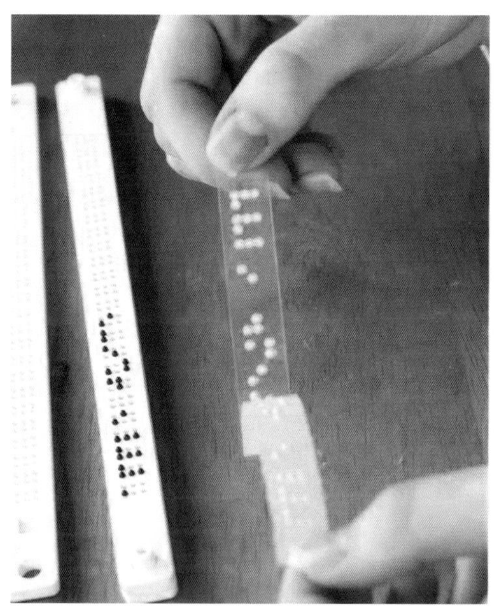

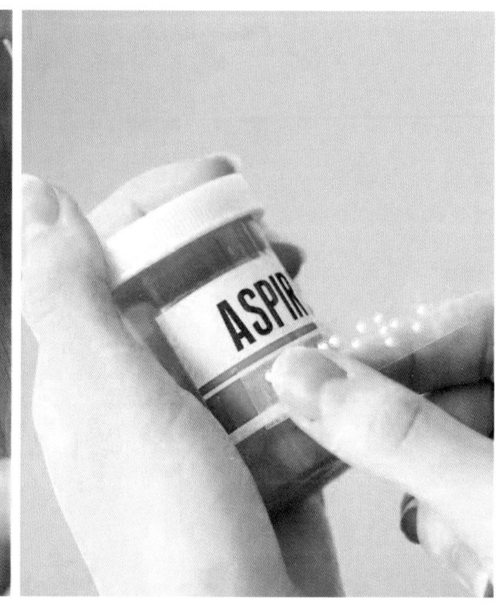

Vrailler 的盲文打印机使用方便，体积小，方便携带。它使用两个穿孔板、一套板岩和一套大头针来创建凹痕。当把上面的板岩和中间的板岩压在基础板岩上时，这些凹痕就会转化为纸 / 胶片，从而产生盲文，可以用来创建名称标签，甚至是名片。

Slip Wash 是一款洗衣机的概念设计，旨在为轮椅使用者提供独立的生活体验。普通的洗衣机由于前门开着，占据了更多的空间，使得使用者在轮椅上通行时更加困难，甚至高度也不适合他们。在滑动式洗涤中，门向上滑动，洗涤容器在前面，这使得空间的限制更少，减少了用户通常不得不做的身体弯曲动作。

有时，我们可以把视力的天赋视为理所当然——我们现在能读到这篇文章是幸运的，但我们忘记了，视力不仅仅是用来阅读的。想想看，为了听音乐，我们使用一个应用程序来选择一个流派或跳过一首歌，做饭时我们使用食谱或用网络搜索，都表明我们依赖于我们的视觉，甚至是我们的其他感官体验 !Stephen Ow 和 Kah Kiat 希望所有人都能感受到这种感觉，所以他们创造了“Note”—— 一种为视障人士或盲人准备的混合磁带。Note 是一个智能扬声器，但它是书的形状。为什么形状像一本书？由于布莱叶盲文在全球的广泛使用，它很可能成为视障 / 盲人群体接受教育或娱乐的首要选择之一。因此，Note 将固有的行为 (读书时做的手势) 和他们知道的语言结合起来，使他们能够在不需要“看到”应用程序屏幕的情况下听音乐。你可能会想，为什么不使用语音控制的智能扬声器呢？设计者想要制造出一种具有个人触觉的设备，而不是依赖于使用者可能有的或没有的语言天赋，所以为了让所有盲人都能使用这种设备，Note 被赋予了其独特的形式和功能。

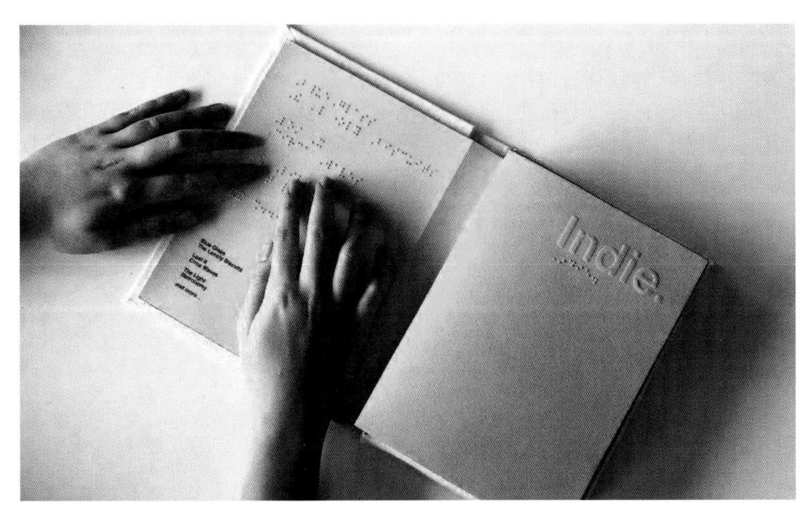

优化用户现有的技能，特别是集中在“触摸”，这是视障人士至关重要的感官。Note 比扬声器更容易操作，因为它们不需要任何设置。用户可以翻页选择新的音乐类型，也可以翻页播放另一首歌曲。一个很酷的功能是音量控制的工作方式——它是根据书被打开的宽度来调整的。设计灵感来自我们如何打开音乐贺卡。每个页面都有盲文的细节，所以用户可以独立地欣赏他们的音乐，这本身就是一个他们必须珍惜的时刻，因为几乎所有其他活动都需要帮助。（设计师 :Stephen Ow 和 Kah Kiat）

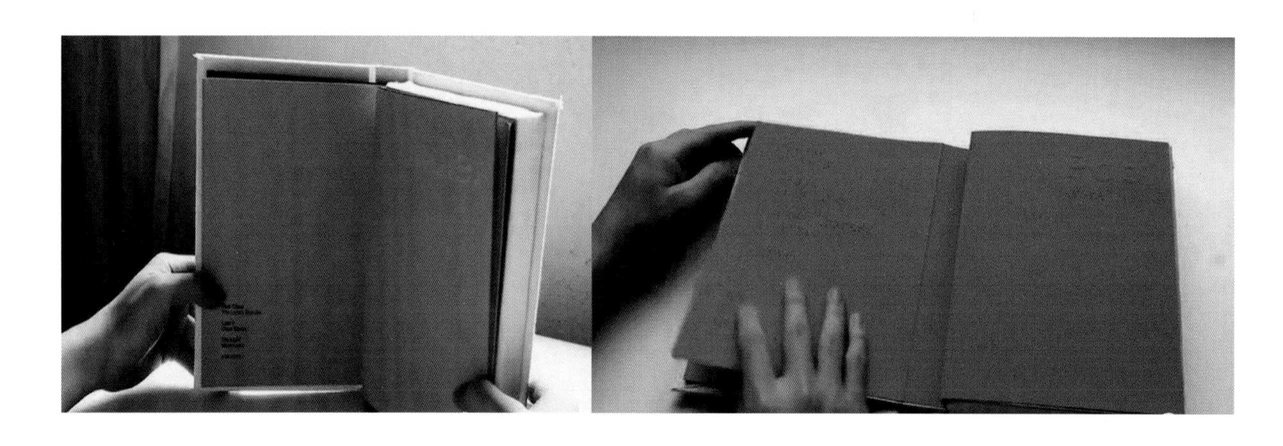

9.6 公共设施和服务类

公共设施是指由政府提供的属于社会的给公众享用或使用的公共物品或设备。按经济学的说法，公共设施是公共政府提供的公共产品。从社会学来讲，公共设施是满足人们公共需求（如便利、安全、参与）和公共空间选择的设施，如公共行政设施、公共信息设施、公共卫生设施、公共体育设施、公共文化设施、公共交通设施、公共教育设施、公共绿化设施、公共屋等。

这一类考题近年也有出现，会更多涉及一些交互设计及服务设计的部分。如提供关于社区的服务设计、街道的公益性服务设计。这种开放性命题，自由度比较高，可以结合一些设计点，拓宽自己的设计思路。

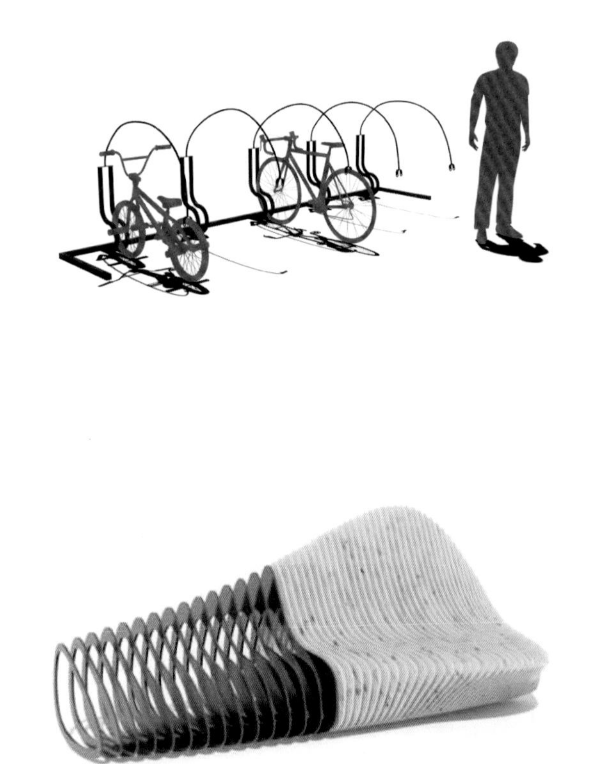

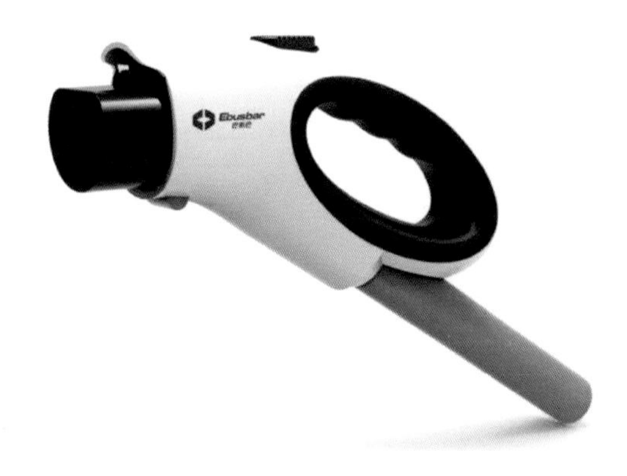

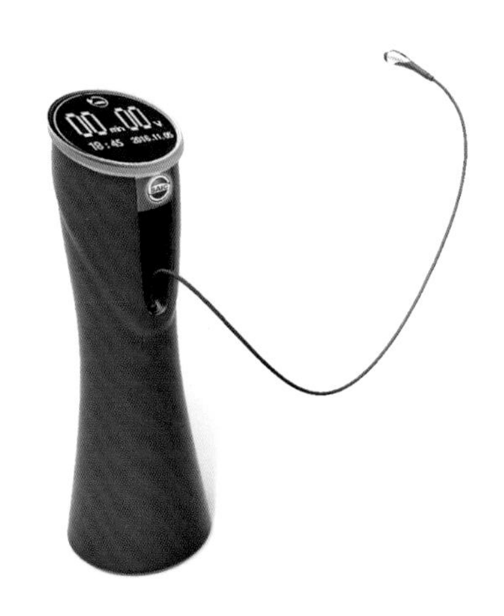

公共设施包括交通、体育、卫生、文化等多个方面、多种类型，一般情况下，公共设施都是由政府提供，满足人们在公共环境下的需求。针对公共设施设计，设计师需要考虑的要比普通设计更加全面，目前公认的公共设施设计的原则包括：易用性、安全性、系统性、审美性、独特性、公平性、合理性、环保性、法制性，满足这些原则就可以基本满足各类人群的公共需求。

1. 易用性原则

很多具有明确产品属性的公共设施设计缺乏“可以被人容易和有效使用的能力”。我们有时不得不在自动取款机前等待前面的老人一遍又一遍地重复错误操作，而无法施以援手。这就是公共设施缺乏易用性所造成的困扰。易用，通俗地讲就是指产品是否好用。它是就有明确使用功能的公共设施设计时必须考虑的原则性问题，比如垃圾桶开口的设计就既要考虑到防水功能，又不能因此使垃圾投掷产生困难，或是人们在使用自动取款机时，如何可以不再使用容易忘记的密码确认方式，如何可以在操作完成后记得取回银行卡。这些都是公共设施设计时应该考虑的易用性原则。

2. 安全性原则

作为设置与公共环境中的公共设施，设计时必须考虑到参与者与使用者可能在使用过程中出现的任何行为，儿童的天性就是玩耍嬉闹，这是不能改变的，而能改变的是以儿童身高作为一个尺度，低于此高度的公共设施均应考虑到其材料、结构、工艺及形态的安全性，在设计伊始便尽量避免对使用者造成的安全隐患，这就是公共设施设计的安全性原则。

3. 系统性原则

通常情况下，在公共休息区内，或在公共座椅的周围应设置垃圾桶，而垃圾桶的数量应与公共座椅的数量相匹配，太多会造成浪费，而太少则会诱使随意丢弃垃圾的行为。可见，公共座椅与垃圾桶之间存在着某种匹配关系。再如健身设施周围相对集中的公共照明设施，便起到了引导人群使用的作用。而缺乏这种集中照明的公共设施，因缺乏引导性、安全性和交互性，在夜晚的使用率便相对较低。事实上，不仅如此，诸如卫生设施、休闲设施、便利性设施、健身设施等公共设施系统，它们之间及其内部均存在着自然匹配的关系，这种关系在设计时可以概括为系统性原则。

4. 审美性原则

如前所述，公共设施对于市容市貌的营造有着重要的推动作用，功能良好、形态优雅的公共设施在满足功能需要的同时，还兼具美育的功能。因而，公共设施设计的审美性同样不容忽视，毕竟，功能良好与造型美观并不存在着不可调和的矛盾，一个设计合理且极具美感的公共设施，不但可以有效地提高其使用的频率，而且可以增进市民爱护公共设施、爱护公共环境的意识，增强市民对城市的归属感和参与性，毕竟，文明的公共环境同样应该是美的公共环境。

5. 独特性原则

有些学者不将公共设施划归工业设计的范畴，其主要原因在于工业设计具有机器化、大批量生产的特征。而公共设施设计往往采用专项设计、小批量生产的特点，这与环境设计的特征具有相似之处，因而较多地将公共设施设计视为环境设计的延续。而公共设施设计的独特性原则就在于，设计者应根据其所处的文化背景、地域环境、城市规模等因素的差异，对相同的设施提供不同的解决方案，使其更好地与环境“场所”相融合。

6. 公平性原则

与私有属性的产品不同，公共设施更多地强调参与的均等与使用的公平。主要表现为公共设施应不受性别、年龄、文化背景与教育程度等因素的限制，而被所有使用者公平地使用，这也正是公共设施区别于私有属性产品的根本不同之处。

7. 合理性原则

公共设施设计的合理性原则可基本表现为功能适度与材料合理两个方面。功能适度主要是指：公共设施单体在满足自身的基本功能的同时，不宜诱使使用者赋予其他功能。

8. 环保性原则

随着发展，生态环境问题逐步成为备受关注的焦点，在设计领域也逐步出现了倡导环境保护的“绿色设计”，公共设施同样应贯彻绿色设计原则，这绝不是设计几个分类垃圾桶所能解决的问题，它要求设计师在材料选择、设施结构、生产工艺，设施的使用与废弃处理等各个环节都必须通盘考虑节约资源与环境保护的原则。

9. 法制性原则

公共设施是国家的集体的公共财产，国家为保护公共设施制定了一系列法律、法规，这些法律、法规有力地维护着社会公共设施的正常运行，从而保障了社会生活的安定。

随着科技的发展，在公共设施的设计上，有更多的功能以及表现形式融入，公共设施的设计也越来越人性化，除了满足功能需求，这些设计也更加注重心理需求，以下几款公共设施设计就可以同时满足两方面需求。

设计师 Thomas Perz 和 Petrus Gartler 觉得现有的长凳有点无聊，人们只能按照已有的方式入座，不能根据自己的状态改变位置，所以他们设计了一款带有链条的长椅。这款长椅的链条可以固定在墙壁或者地面上，人们就可以根据需要移动方位，同时也限制在一定范围内，不会改变公共环境的格局。

城市中水泥混凝土的结构往往给人沉重感，几乎喘不过气，设计师 Ewelina Madalińska 设计的这款座椅希望可以给城市增加一点绿色。这款座椅除了座位，还增加了一个花坛，就像是将城市的绿色植被模块化，分布在这些小花坛中，座椅采用木质，制成结构为混凝土，高矮不同的座椅可以有不同的使用方式。

设计团队 Kovacs Apor 和 Hanup 工作室以被久经腐蚀的下水管道为灵感，为瑞士顶级卫浴品牌 Laufen 设计了一款可适用于公共环境的中空洗手盆。洗手盆两端分别被设置出隔间作为储物空间，首尾相连，就可以形成一个管道一样的统一整体，水龙头以及洗手盆的下水管道都被隐藏在墙壁中和洗手盆内部，这些设计都显得更为美观。

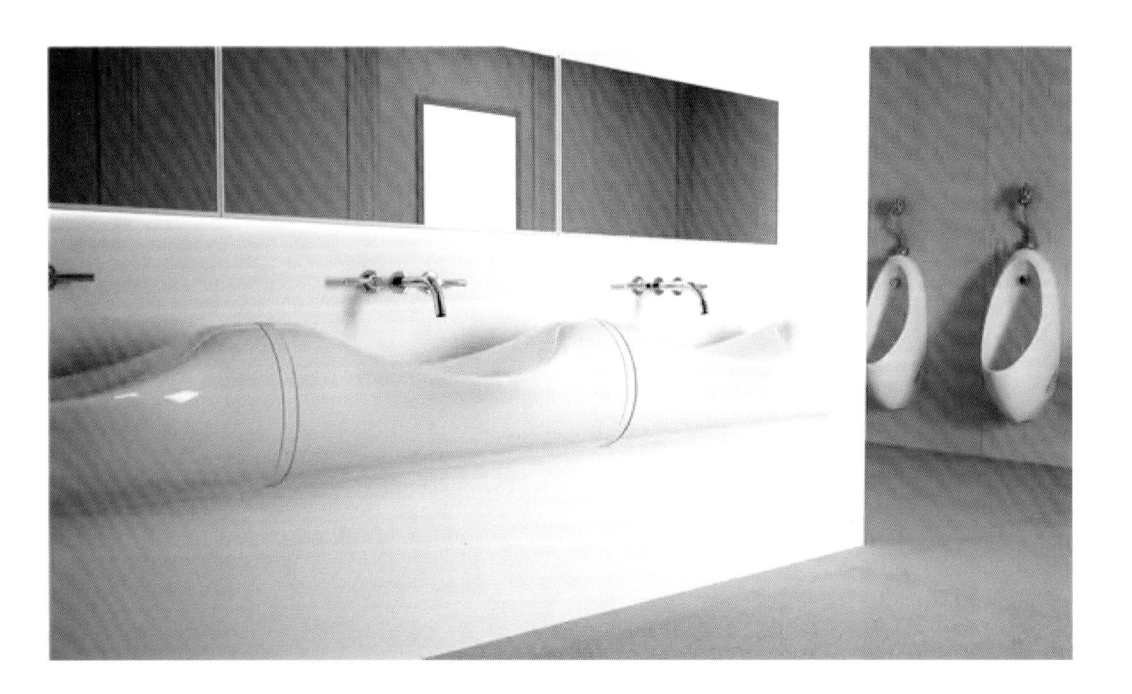

公共设施作为城市的元素，是城市整体环境不可缺少的要素之一。城市公共设施是社会文明程度的一种显著标志，显示了城市经济与文化建设的综合实力。它不仅作为公共环境独特的组成部分，成为人们室外活动的必要装置，而且以其特有的功能增加了环境设计的内涵。环境设施与其他环境实体等，为社会的发展提供了一个历史舞台，且长期存在下去，为未来型城市的发展提供了承前启后的研究作用。城市公共环境设施促进了人与人的交流，促进了人与自然的对话。城市公共环境设施完善了城市服务的功能，满足了市民的需求，丰富了市民的生活，提高了城市生活的质量，它融合城市传统文化和创新文化，彰显着城市的个性与特色。

考研经验分享

如何备战考研?

一、跨专业夏同学教你如何成功“上岸”

夏同学，本科专业为信息与计算科学（数学和计算机相关专业），跨专业考入江南大学工业设计专业方向。

1.10~12 月政治复习的安排和复习节奏
政治复习，时间基本也就是 10 月至 12 月。前期会去逐字看肖秀荣那本较厚的精选讲义，用笔简单做一下记号。全部过完一遍后就开始做 1000 题了，在做 1000 题的时候有几个点需要注意一下。因为都是选择题，所以当碰到不确定的选项时，一定要把整题标记了，在后面对答案时同样需要注意。还有就是不要只记选项，而是要回到资料中去看涉及的整个内容，将易混淆的概念单独记下来。1000 题的话，我是刷了两遍，可以单独去淘宝购买，这样做的时候也不用担心乱涂乱画（个人习惯）。
关于后面的“肖四”“肖八”，我基本就是什么时候到什么时候开始。这个阶段我是只做选择题，做的时候当成测验，会计时打分。而简答题就真的是放在了最后一周，差不多每天花 3-4 个小时，“肖四”的简答题，前两套我是全部背诵，后面两套是将答案整理成关键词，自己能够说出点东西就 ok 了。因为是跨专业，要准备的东西很多，所以政治也就没有放多少心思，仅给准备拿基础分的同学作参考。

2.10~12 月英语复习的安排和复习节奏
英语复习节奏是和个人基础挂钩的，全程来看就是先增加词汇量，然后进行真题练习，总结生词，总结各题型的做法，最后是作文。至于具体到我个人的 10-12 月，我基本就是计时计分刷真题，在做阅读理解时针对生词做记号，对答案时翻译记下。至于对答案，我是做到弄清错在哪里，整篇文章通读无障碍即可，倒不至于进行逐字逐句翻译（这样真的太浪费时间了）。做题顺序方面，我每次训练时是除了作文全部完成，从前往后依次做，也没什么技巧。到 11 月下旬时，我基本就开始准备作文了，方法也非常朴实……就是每篇文章试着写一遍，然后和参考文章对比，找找关于该话题、该类型的作文有哪些适用的句式、哪些可写的内容，最后我自己总结了两套模板，考试也如愿用上，顺利通过。

强调：

我专门拿出这个板块，希望大家重视单词，重视单词，重视单词。特别是真题中出现的单词，这里不是让大家到 10 月份了还抱着单词书，而是你每天记在笔记本上的单词自己一定要看。

这里推荐大家下载一个单词 App（网易有道词典一类的），里面一般都会有单词本功能，大家可以将不会的单词记录在上面，没事拿出来通过卡片的方式去回顾记忆。总之，直到考试前一天，也要看笔记本上的单词。

3.10~12 月理论复习的安排和复习节奏

我的史论和理论是同时交叉进行的，边理解边背。这里我是将老师圈的重点题目用自己的话，按照自己的理解和语言表达习惯自己整理一遍。史论的话也是按照时间和人物以及章节做了一些整理。所以这个阶段基本就是最艰苦的背诵阶段，每次一背就是一上午，中间会换科目。背一遍又一遍，然后边背边修改自己的笔记。总之，走到哪里都会带着自己整理的两本笔记。

理论考试心得：

理解很重要，首先自己一定要理解艺术设计是什么，按照自己的定义去试着理解书本或其他人的观点，将这些理解带入现实，列举的例子也可以是小米、手机、鞋类等我们随处可见的例子。

4.10~12 月手绘练习的安排和复习节奏

10 月份开始大家基本对快题有了自己的理解，最后三个月就是要形成个人风格，提升速度，丰富设计对象，生成模板。形成风格：大家要做的就是自己拿到快题后打算怎么开始，从基本版面，到各大块内容，再到每一部分，标题——发现——分析——解决——草图——主方案——使用方式——设计评估，自己会选用怎样的字体、怎样的形式甚至色彩去做。比如，我发现问题通常会采用思维发散、绘制思维导图的方式，字体就是采用勾线笔直接写，连接线全是直线，妥妥的理科男样式，但我认为这样更易于阅读。形成风格后提速和扩展设计范围是同时进行的，可以自己定一个主题，也可以询问老师的意见，然后定期画一张快题，交给同学或老师评价。再后面就是最后一个月，结合自己的理解、自己手机里的所有资料，包括最后的预测卷，选几个自己认为会考的题目，画几个可行的方案，确定好配色，考试前再将造型做最后的推敲与确定，以此来节省时间，在充足的时间内将马克笔上色完成到极致。

手绘心得：

我是零基础去学手绘的，我的线稿上色都在班里算得上倒数，但我的特长是逻辑清晰，展现方式简单明了。在最后考场上的试卷，一共带了 10 只左右的马克笔，灰色系 5 只，黄色 5 只，再加一两只红绿什么的。整个上色部分只有主方案，其他区域简单勾个边框。思维导图、5w2h 只有方形和直线，故事板只有透视和火柴人，一是为了减少时间，二是为了填补更多的内容（如使用流程、服务关系、价值评估等），三就是希望老师看得清楚明了，主次分明。

至于设计方案，只有一句话，希望大家多考虑可行性（功能、技术、商业等所有方面）。

写在最后：

放平心态，按部就班，一路“上岸”，加油！

二、403 分高分学长秘籍分享

刘学长，录取院校：江南大学，录取专业：工业设计，初试总分：403 分，英语：66，政治：67，手绘：138，理论：132。

政治

1. 谈谈 10~12 月自己政治的学习安排和复习节奏?

政治想必大家在前期都看得很松，基本上都是看看视频然后刷刷选择题就过去了，但是到了最后三个月政治的学习要占据每天大部分的学习时间。10 月份我侧重于整理之前所做的选择，整理一些常考的选择知识点，比如各大会议的意义、毛主席的著作这一类问题，每天建议复习 2~3 小时。11 月份首先是要刷“肖八”，选择刷上三遍，吃透为止，然后大题可以选择性地看一下，不用作答只看答案，最后每天跟着徐涛在公众号上背题（从 11 月 1 号开始到 30 号，每天一道大题，背诵打卡），每天建议复习 3~4 小时（含背诵）。12 月份我就是刷“肖四”，选择刷三遍，大题每一道题都背过了之后，再在笔记本上整理“肖四”的选择题以及大题，将大题归类进行背诵，并且思考“肖四”给的答案能够用到什么题目上，这个工作做完以后就是每天反复背诵，一直坚持到考试，每天建议复习 4 小时（含背诵）。

2. 都买了什么样的政治复习资料，觉得哪些资料比较实用?

我前期买了徐涛的《核心考案》，然后跟着配套视频听了一遍课，还有肖秀荣的“1000 题”（刷就完了）；到了 10 月份又买了徐涛的《冲刺背诵笔记》，11 月份买了徐涛的《形势与政策》，这两本是两个小册子，方便大家平时拿着背诵；还有就是一直跟进着“肖八”“肖四”，这两本不用多说，必买必刷，当你上了考场就知道这两本书有多神奇了。我觉得我买的这些资料都挺实用的，没有“水”的，也建议大家购买。

3. 政治选择题自己怎么进行练习的，有什么个人心得吗?

我先是在 10 月份之前刷了三遍“1000 题”，然后 10 月对选择进行了整理，争取能背诵大部分的选择题考点，之后就是刷“肖八”和“肖四”，除此之外没做过其他选择题，而且政治也没必要刷真题，答案是会变的，就刷这几本足以。在刷的过程中你可能会面临崩溃，因为会错很多，我当时也是这样，基本上每一套平均分一直徘徊在27分左右，这个时候千万不要着急，慢慢总结就行了，练习题都比真题难，只要能坚持下来，等上考场考个36+还是很有把握的。

英语

1. 谈谈10~12月自己英语的学习安排和复习节奏？

英语在之前几个月一定要把基础打牢，因为到了10月份以后已经是巩固冲刺阶段了，如果之前的基础不牢，那么在最后的三个月也是很难再提高的。10月份的时候我更注重于阅读的进一步提高，因为我复习得比较晚，所以到了这个时候我的阅读还没有刷完（英语一），但是我已经开始规定在80分钟之内完成4篇，以此来提高自己的阅读速度，同时积累不会的单词，当天背过，第二天接着复习，每天建议复习2~3小时（含背单词）。11月的时候我就开始准备大小作文以及剩下三类题型的训练了，我把近10年真题的英一大小作文都写了一遍，并且要注意写作语句的积累，然后把近10年真题的完型、翻译和新题型也刷了一遍，熟悉了一下这三类题型（这三类题型难度较小，且分值低，不需要将大部分时间消耗在这三种题型上，主要还是看阅读），每天建议复习2~3小时（含背单词）。12月以后就是要保持做英语的手感了，基本上每天都要做一篇阅读、写一篇作文，保持感觉。可以重复刷真题，因为真题的话题重复率以及单词重复率还是很高的，在最后时期再熟悉一下。同时也建议大家去听何凯文的点睛班（临考前一周），不要听信网络谣言，香不香等你上了考场就知道了，每天建议复习2~3小时（含背单词）。

2. 英语复习的难点在哪里？用什么方法进行学习？

我认为在复习英语时，最难的还是无论到什么阶段，你总是会有不认识的单词，词汇量是大多数人都迈不过去的坎。但在阅读中，其实有一些词不认识也不会影响理解，而且考研阅读的词汇重复率非常高，尤其是前后三年的阅读，话题性质以及词汇经常重复，只要在平时做阅读的时候，多注意积累陌生词汇，多去背诵复习，然后放到原文中结合语境去理解，加强自己对这个词的记忆就好了，坚持不懈，日积月累，词汇量肯定会有一定的提高。

3. 如果觉得自己英语考得不理想，有什么意见给学弟学妹？

我的英语最后考了 66 分，其实是比预想的要低的，因为今年英语小作文考的是告示，但是我写的是书信，大作文的中心词 self-control 我通篇写成了 self-controll，这两个错误至少让我多扣了 5 分左右，因此大家在最后练习作文的时候，一定要自己动手去写去练，注意单词的拼写以及题目的要求，这些都是大家平时很容易忽略的小细节，觉得这种低级错误自己不可能犯，当然我当时也是这么想的，最后就吃亏了，所以对于大小作文大家一定要注意细节，多写多练。

专业理论

1. 谈谈 10~12 月自己专业理论的学习安排和复习节奏？

理论到了最后三个月自然离不开背诵，但是不能盲目地背，要先自己去总结，将书本上的话语转述为自己的话再进行背诵。

10 月份的时候绘江南会有一个理论打卡计划，可以说一系列打卡内容下来，就能够掌握史论以及理论的绝大多数内容了。我当时的状态就是上午写题目，然后晚上整理加背诵，一天一道题，坚持大概 25、26 天左右，每天建议复习 2~3 小时（含背诵）。

11 月和 12 月份的理论学习其实相对轻松，因为基础已经在 10 月之前打好了，再经过 10 月一整个月的整理与背诵，最后两个月的任务主要在于反复背诵，从中体会新的感受，再去扩充自己的答案，同时积累一些新兴的设计案例及设计前沿概念，一直持续到考试。

2. 自己每天如何进行理论背诵的？

我是 10 月份开始进行背诵的，每天的流程基本上就是上午一个小时写打卡活动发的题目，然后晚上听完解析之后再自己重新整理一遍答案，接着去图书馆大厅背诵，最后再回来默写一遍，同时第二天要复习前一天的内容，这种状态大概持续了不到一个月，就基本上背诵了大部分的理论内容。同时背诵也要有选择性，有些话不需要背，是需要根据题目进行发散的，所以背诵量其实没有想象的这么大。进入 11 月、12 月，就每天晚上抽出 3 小时左右的时间来反复背诵理论内容，我前前后后将自己的笔记差不多背了有 10 遍，最后基本上不到 3 小时就可以将两本书过一遍，这样在考场上才不会因为紧张而忘了背的内容。

3. 自己觉得目标院校理论复习的难点在哪里？自己是怎么应对？

江南大学理论考试十分注重逻辑性，前后之间的观点一定要有联系，并且一定要把自己想表达的意思表达清楚，课本上有些内容是很拗口的，可能你自己都没读懂，那你写上去有什么用呢？在作答的时候不需要写一些很拗口的语句，简简单单地把自己的观点表达出来，只要逻辑畅通，就一定会拿到高分。同时大家一定不要只背书，江大的理论试题题型已经很多年没有改过了，参考书目也是如此，如果你写的是书本上的内容，老师一眼就会看出来，千篇一律，没有新意，但如果你用自己的话来表述并且合理的话，老师会觉得很新颖，就会很乐意去看你的答案。

专业手绘

1. 谈谈 10~12 月自己是如何安排手绘练习的？

最后三个月的手绘主要以提高速度为主，前期大家其实都已经尝试了很多产品造型、配色方案以及排版方式了，最后阶段就要定下最适合自己的方案然后进行提速。

10 月份的时候我是先上了绘江南国庆集训班，然后尝试了较多的方案以及形式，回去了以后就每天晚上不定时地画 1~2 个小时保持手感，并且去尝试各种配色和排版，因为我准备得较晚，所以进度有些滞后，但我觉得要多尝试不同形式。这个工作最晚也要在 11 月之前完成，每天建议复习的时长视自己情况而定（手绘好可以少画，手绘差就多画）。11 月份我又去参加了绘江南的强化集训，到了这个时候重点就在提高速度上了，我尝试了各种画画顺序，并且开始用马克笔以及勾线笔直接打稿，一点一点地锻炼自己的绘画速度，回去之后平均每周 1 张快题，保持手感（给自己掐时间，加上想方案的时间，要在 3.5 小时内完成），一直持续到了考试之前。

2. 自己认为目标学校的快题更重视哪里方面?

江南大学更看重设计方案的创新性，你所表达出来的设计思维要大于你的手绘功底，不要一直死磕你的手绘能力，因此在平时练习的时候一定要多去发散思考每一道快题的多种可能性，既不能偏离主题，又需要与众不同，这其实也挺难做到的，但是如果在平时大家多去留意一些设计类公众号以及新颖的设计思维，就会有助于大家思考方案。我个人认为对于江南大学的快题，我们在思考方案的过程中要遵循两个原则：一个就是功能要合适，功能可以不多，但是一定要切题，并且可实现；另一个就是要体现人机交互，并且多去关注人的需求，这跟大家背的理论内容也是差不多的，背了就要活学活用，并从这两个角度来进行发散。

3. 是否制定了属于自己的快题模板？如果有，那一定是自己的秘密武器。

我在 11 月份的时候确定了属于自己的模板，这里的模板不只是指排版，而是包括了所有的细节，从标题的写法、前面分析问题的画法，再到产品造型、配色方案以及画画顺序，我都最终确定了模板。然后多画多练习来提高绘画速度，我觉得这些细节都是需要考虑的。这样会保证你在之后的每一幅画都能按照一个现有的流程走下来，哪怕遇到了一些你暂时想不出来方案的题目，你也可以先画剩余的部分来边画边思考，因为除了最终方案和文字，剩余的东西都是一样的，我去年在考场上就是按照平时画画的流程很快地画下来，最后提前半个小时就画完了整个快题，让我留了半个小时时间来修饰。

三、手绘 144 江南大学本校高分学姐传授考研经验

刘学姐，本科就读于江南大学设计学院整合创新实验班。报考江南大学设计学院，方向是工业设计工程，初试成绩总分 393，设计理论 125，设计综合 144，排名第三。初试专业总排名：15。综合录取排名：9（初试 + 复试）；复试手绘 137 分，并列第一。

收到要写考研经验分享的消息，我也是很迷茫，不知道该怎么写，从前都是瞻仰其他大神的存在，突然就轮到自己，大脑有点卡机。绞尽脑汁地回想一下，希望可以帮到下一届的学弟学妹们。考研这个想法是很早就有的，大一就有了，但是那个时候只是一个想法，并不会有什么实际行动，因为觉得考研距离自己还很远，还不急。最开始接触手绘，是在大一的暑假，在北京报了手绘班，当时只是觉得自己喜欢画画，喜欢画机甲、机器人，喜欢画点小产品；在北京学的最多的就是怎么分析一个产品的光影，大量的画稿练习使得我的手绘水平在初期提升得很快。应该说，我的手绘准备得很早，比一般人都来得要早，但也正是这种早做准备，让我在接下来的考研复习中获益良多，可以节省很多时间去复习另外三门科目。

关于手绘

我自己很喜欢画画，平时也很喜欢画点小插画、动漫人物什么的。正是因为我这个爱好，让我在考试的时候有了自己很独特的一种手绘风格，我喜欢在画面的发现问题和使用场景中加入人物来表现，这样既可以展现人机关系大小又可以为画面增加生动感。其实我觉得老师在评卷的时候或许会对这种通过小场景和小人物来表现的方式更有倾向一点，毕竟几百份试卷，不会每一份的文字都看得那么详细，相比较之下，这种用轻松的图案讲故事的方式可能更加快速地表达你的设计思路和发现的问题所在。所以有时间的同学不妨试一下多画几个小人物，然后选择其中的某一个作为你的“御用小将”。另外，要找到属于自己的配色，我的画面会有很多颜色，曾经无聊地数过一次，大概用了几十种颜色，可能我从小对颜色比较敏感，比较善于搭配颜色吧。所以我可以把画面画得很热闹，颜色很多，但是又不会觉得很乱、看了很心烦，建议对自己手绘有信心拿高分或者时间很充足的同学可以去尝试一下，因为现在很多考研机构都会给你提供几种经典配色，看多了其实老师是会视觉疲劳的，所以

如果能够颜色丰富又不乱，是可以很好地吸引批卷老师眼球的。那些觉得自己对颜色把控不好的同学可以借助老师给的经典配色进行适当调整、替换颜色，找到自己画的最顺手的那一两种配色方案，然后用在考试里面。

关于造型方面，我的建议是其实不用去临摹那么多各种不同的、扭曲的、奇形怪状的形体，或许初期对你的设计表达会有很大帮助，但是其实考试的时候给出的题目都是属于很正规小家电的那种形体，就像今年初试的洗衣机，方方正正。这就要考察你的设计思路是不是广阔，是不是只会想到改变洗衣机外形这样的简单想法，更注重的就是功能方面或者环境水资源节约之类的问题了。有些同学学习手绘的误区是，认为把自己的手绘试卷画得炫酷才能拿高分，画得好固然可以吸引批卷老师的目光，但是只注重了画的部分，而忽略了文字部分，自己对这个题目的思考，以及如何一步步地得出这个方案可行的分析。由于自己本科是江南大学，在平时上课过程中，也能感觉到老师对于学生如何通过这个题目联想到这个产品的分析和思考过程十分重视，所以文字和效果图是一样重要的。关于手绘机构，找到一个适合自己的手绘班很重要，记住是适合自己，每个手绘机构都有自己的特色和风格，没有哪个手绘机构特别好或不好的说法，每个机构的教学方式和练习手绘的顺序方法都不一样，培训班只是教你如何更快、更准确地表达设计想法，真正地理解和练习还得多靠自己。学习的时候，要能够将自己手绘的风格或者说自己对手绘或是对这个题目的理解发挥出来。

手绘是为了将自己的设计理念通过画出来的方式，让阅卷老师在短时间内了解你想表达的内容。

在这里，很感谢认识的很多老师给予的帮助。把我的考研手绘思路重新整理了一遍，包括哪些该画，哪些应该舍去，最大程度地展现自己的设计想法。考试前，每周进行不同的快题训练，画完之后老师及时反馈，指出问题所在，进行改正指导。我采用了一系列手绘表达技巧和思考方式，最终在初试和复试的手绘考试中取得了满意的分数。手绘是拉分的一个重要项目，总分高的同学一般专业课都不会太低。另外最强调的一点，速度！！！一定要在 3 个小时内画完，画完最重要！没有画完，就什么都别提了。所以一切以画完为前提。

关于理论

我是从考试前的 10 月 1 日开始准备理论的，虽然之前有在家里看过一遍书，但是依旧很慌，因为自己看的时候就特别容易看不进去，更别说把知识点背下来之类的了，后来上课的老师用类似于讲故事的方式将工业设计史重新给我们梳理了一遍，并提出理论其实并不难，按照时间线将各大重要的历史事件记住，用自己的话复述理解，就能更好地记住，而不是死记硬背。这样更能在考试中表达出自己的观点，而不是仅局限于参考书目上面给出的定义。

当时，我咨询了上一届的学长学姐后，给自己准备了三本本子，因为江南大学的参考书目是三本，所以每本本子对应一本书。我先把相对容易的工业设计史，进行知识梳理，大致翻了一遍这本书的内容，有一个大致印象后，我在本子上把我记忆最深刻的大事列了出来，先看看自己能记住几个重大事件或名人，那么这些之后就可以少花时间复习，毕竟最先记住的印象比较深刻。接着，我把《工业设计史》这本书认真地看了一遍，把我之前没有写到的重大事件都进行填补，补充完整。接下来，我拿了 3 张 A3 纸，把所有的事件包括涉及的设计名人、产品按照时间线一个个排列好，我以为 3 张纸够了，结果发现，我又添了 3 张纸补充。最后那几张纸上就记录了整本书我认为可能会考的所有大事件，包括时间、地点、人物、进行了哪些活动、有哪些著名设计作品诞生，都罗列出来。然后我就不看那本书了，开始背我的这 6 张 A3，光背肯定是不行的，我属于那种喜欢背的时候自己顺便写写的人，前前后后我一共抄了这 6 张 A3 纸 3 遍，零零散散地默写了 2 遍。

当然，艺术概论也在同步复习，我个人认为艺术设计概论更重要的是理解，光背肯定是会忘的，毕竟涉及的知识点太多了，很容易搞混淆，所以我在复习的时候选择花更多的时间在理解这个知识点表达了什么意思，理解之后再进行相关背诵。背的时候先通读一遍定义，接着划出觉得重要的有概括性的字或句子，然后组成一句话进行理解，再用自己理解之后的话复述这段话的意思。这样在第二遍复习的时候，只要着重看自己划出来的那些重点词语或句子就好。

最后，再用和设计史一样的办法，在第二本本子上进行相关知识点的默写理解，有些比较难懂的需要反复背。对于第三本特别厚的王受之《世界现代设计史》，说实话我连一遍完整的都没有翻过，因为当时时间来不及，所以就没怎么看，它的内容其实和工业设计史差不多，但是更加详细，还增加了现代设计的知识观点在里面，对人物的介绍比较细腻，建议复习时间充裕的同学，还是看一遍，多熟悉比较好。

还有一点，我觉得是我考理论最后得分还不错的一个重要因素，就是举例。我在考试的时候每一题不管是前三道简答题，还是中间材料题，或者最后的大题，都举了 1-2 个例子，有自己平时学习做作业的时候的例子，也有那些名人像原研斋等设计大师或者是设计心理学等一些著名的设计类相关的书籍里面曾经提到的例子。因为，这相当于是你对于这道题自己的看法，与平时自己的生活、学习相结合，会比只回答书上的定义来得更有个人的理解在里面。所以，建议大家多看些相关书籍，拓宽相关知识面。

关于英语

只能说我自己的英语是个永久的痛，单词是重点，阅读的理解能力也需要重视，但是假如像我一样本来英语就不好的同学，或者是时间不多的阶段里，可以尝试多做真题，提高自己的题感，可以不用把卷子的全部题型都做完，挑阅读和容易拿分的多练。作文，我是在考前把自己的模版写好，然后把它背下来，等到考试的时候直接把要写的内容填进去，其他相关的经典语句，一般模版里面背好，是不需要自己临场发挥的。英语二的作文相对简单，按照自己的模版写了之后，还是很节省时间的。关于模版，不能直接用老师给的，一定要多方挑选，每个模版里面挑一两句话，然后整理出自己的模版，不然阅卷老师一眼就能看出套路来。初试考完不要急着对答案，调整好心态，第二天的专业考试才是最重要的。复试中，英语听力最好能够长时间练习，锻炼耳朵和大脑的反应力，因为在考试时，还需要考虑自己因紧张导致没听清的丢分情况。

关于政治

不用太早做准备，因为太早背了也会忘，我是考前一个月开始准备的，多做历年真题，多选题是重点，因为大题大家都背得差不多，单选也拉不开差距，所以需要靠理解才能做的多选题就决定了政治得分的高与低。大题建议背“肖四”，起码 2017 年压得还是很准的，考完出来听见小伙伴们说，肖秀荣都压到了，我的内心是崩溃的，因为我没背“肖四”，所以保险起见，肖秀荣的大题还是背下来比较好。考试中，如果大题问到你的看法，可以将自己的想法与背的内容相结合，一定要写完，不要漏题。另外要对准题号答题，坐我前面的小伙伴把题号 36 题的答案写到 37 题里面了，监考老师也没办法，急的都要哭了。所以不要急，看准了再写。

以上只是我个人的考研经历和一些小提议，不一定适合每个人，找到最适合自己的学习方式，才能事半功倍。希望大家想清楚自己为什么考研，不要为了考研而考研，只有知道自己为了什么考研才能在碰到障碍时给自己坚持的理由！既然决定了要考研，就相信自己，一定要有一颗坚信自己能考上的决心，这样才能让你坚持到终点，考研也是一场毅力战，拼身体，拼坚持，拼信心！

最后，希望我的一点经验和建议能够对大家有所帮助 ~ 考研加油 ~

四、江南大学本校姚同学保研同济大学交互设计方向的心得与经验

姚同学基本信息：本科是江南大学工业设计方向，保研录取院校为同济大学设计创意学院（D&I），录取方向是交互设计，班级排名是 4/55，绩点是 3.58。

获奖经历：

江南大学 2017-2018 学年三等学业奖学金 ,2018-2019 学年二等学业奖学金

江南大学 2019-2020 学年一等学业奖学金

2020 年 UXDA 国际用户体验创新大赛全国三等奖

发表论文：基于多感官体验的文创产品设计 [J]. 大众文艺，2020，000(008):140-141.

分享心得之前，我想聊聊本科期间的一些经历和感悟，对于学习和做设计的态度，以及保研的初衷，希望能给各位带来更多的启示。

简单讲讲为啥当初会读工业设计专业——兴趣是最好的导师

感谢命运，踩着录取分数线进了工业设计——当时江南大学文化课分数线最高的专业（刚入学的时候感觉自己可牛了哈哈），不过选择工业设计并非因为它分高。一方面自己从很小的时候就开始学习美术了，非常喜欢画画和创作的感觉；另一方面从初中起又对理科产生浓厚的兴趣，成绩也还行，就没有去参加集训和艺考。于是临近高考之际，我对于未来大学专业的预期基本可以概括为一门“既能运用到我的美术知识又用得到数理知识”的学科。

其实高中的时候本来打算去考建筑，但碍于分不够，考不上东南、同济这样的建筑名校，并且随着国内建筑行业的饱和，还是决定另选他家，最后在好友的推荐下来了工业设计。

不得不说，设计确实是我阴差阳错下捡到的宝。它和纯艺术不同，更多情况下是在运用艺术、技术等各类手段，聚焦并解决现实中的各类问题，是有意义的。我十分享受这样一边破题一边创作的过程，虽然时常会抓耳挠腮地想破头，但成果总是会让人忘却中途的艰辛。

大学经历和学习体会——我是个非典型好学生

我的大学四年可以用顺风顺水、平平淡淡来形容，但绝对不单调无聊。为啥说自己是非典型好学生？首先，不为了谋绩点天天熬夜堆工作量，掉入恶性竞争的“修昔底德陷阱”。当然好绩点还是很重

要的，它涉及评优、保研、出国深造等，不是说要放弃绩点，但在这里要强调的是，特别是对于设计这种重考察的课程来说，好作品的灵魂是好想法，好想法可不是能靠量堆出来的。

特别是读到大三以后，愈发地认可这样的观点。大三这年我的绩点有史以来首次排到了专业第一，但同时也必须承认这是我本科期间过得最轻松的一年。我把更多的精力转移到锤炼自己的思维能力上，让想法脱离定势、与众不同，配上审美在线的设计呈现，加上我与组员们一同尽了力的完成度，想要赢得老师的青睐并非难事。但请注意，这里所说的赢得老师青睐不是要一味迎合老师、老师说啥你做啥，而是要让他们在你的作品里看到不可忽视的新意（老师≠绝对真理，他们不是老板，也不是甲方，不得已的时候应当学会拒绝和反驳）。那么，请试着在今后每次出方案的时候，多问自己以下四个问题：“这是什么？/为什么想到这个？/相对现有案例，它有什么新的意义吗（社会的、技术的、概念的、结构的，等等）？/它是否已到达极致，还是能变得更好？”所以我一直告诫同门学弟学妹：有时间去硬苟绩点，为什么不多学点别的，或者好好休息一下呢？

其次，我感觉自己对荣誉没有太强烈的追求感。评优的话，评得上就去，但比赛的话，要是那个设计比赛提不起我的兴趣，或者没有同学强求着叫我参加，那我基本不会参加（看看我的获奖经历就知道了）。参赛谨记量力而行，要是能得奖，确实是给履历添光的绝佳机会。但要注意的是，比赛经历更多是为了锻炼自己、积累经验、认识更多的人，如果因为比赛而过多占用课程学习和休息的时间，特别是如果只是为了得奖而做比赛，个人认为不可取。

大一上学期期末顺利通过笔试、面试，进了至善学院，这是一次不错的经历。通过这个平台结识了各个专业最拔尖的同学，参加了各种跨学科课程、模拟学术论坛、讲座沙龙等，还辅修了日语专业，现在已经基本能看些浅显的日语纪录片和设计书籍。扯远了，其实最开始我甚至没打算进至善（当时的绩点在工业设计专业的至善候选人里排倒数），所以只是抱着“体验一下面试是什么样的”心态，没想到竟然就这么进了。或许有时候放下“我必须XXX”/“我一定要XXX”/“否则XXX”这样的包袱，反而能把自己的能力更有效地发挥出来。要相信自己是优秀的、独一无二的。说白了，张弛有度的自信心很重要。

实话讲，成天学习的勤奋形象和我完全搭不上边。像很多人一样，我爱打游戏；也爱看科幻、画画、到处玩儿；上课总是踩点到，当然有趣的好课会用 100% 的专注力听讲，但遇到水课就开始干别的……对我来说，太过按部就班的生活并无快乐可言，因此就算是最忙的日子也会每天挤出片刻小玩一下。

上半年疫情在家的时候，老妈经常跟我说："别以为闷在房间里做一下午作业效率会高，每过一两个小时就该放松一下！"是这样的道理，适当的娱乐能让你保持积极开朗的心态，唤回涣散的注意力。所以啊，就算是最忙碌的日子，也别让生活单调成三点一线。别让本不该存在的包袱积少成多地压垮你，让自己的生活多彩些。

另外有机会的话还可以多出去走走，旅游、游学、交换都可以，开拓眼界对学习也很有帮助。大二暑假的时候我去欧洲游学了大半个月，参观了像宝马总部、奔驰总部、施耐德、德意志联邦银行等世界五百强企业和它们的工厂，也正是通过这次机会我才真正了解一直在设计资料上被提到的可持续设计是什么样的。这就是读万卷书，行万里路的道理。

关于升学

——为什么会想要保研

起初甚至没决定本科之后是该读研还是工作，只知道自己铁定不会考研（我太懒了），以及要是保研自己铁定不会保本校（不太能在同一个地方待这么久）。我是那种走一步看一步的人，别盲目学我。

直到大二期末的一次班会，副班跟我们分享了他和两位学长、学姐保研同济大学的事迹，我开始对同济 D&I 心生憧憬，并萌生出一丝丝想读研的念头。一方面同济 D&I 确实厉害（目前是亚洲第一的设计院校且世界排名在不断上升中），另一方面上海是我的快乐老家（虽然只在那儿度过童年），在老家读书出来找工作，听起来不错。

显而易见，我当时只是在考虑些有的没的现实问题，对这所院校的研究方向倒是一无所知。又回想起至善导师跟我聊过，他曾经带过的学生，有保研去清华大学、湖南大学等各种名校的，我只觉得他们一定都优秀至极，但与我无关，以我自己的水平，或许保本校已是极限了吧？

不过到了大三，上完上学期的专业核心课程之后，发现自己对于设计的了解才刚刚入门，还要学习更多的新潮思想，掌握技能的同时还得掌握更多的理论。然而，当我想要了解这些知识的时候，本科课程却已到尾声。如果就这样毕业了去求职的话，忽然发觉完全想象不出自己能做怎样的工作。我才终于下定决心——不工作了，去读研，去更适合自己的学校读研。

自然而然地，保研成了我的不二之选。我想这就是“车到山前必有路”吧，有些抉择只有到了某个阶段，才能明白其背后的意义。（所以大三好好地把绩点往上抬了一把，不求拔尖，但起码能过保研的最低门槛）

保研心得

首先给想要保研的同学们科普一下，保研又名“推免”，一般获得外校推免资格有两种渠道（谨记保外校的前提是必须拿到本校保研资格）：一个是大三期末 6~8 月期间各校举行的夏令营，另外就是大四开学后 9 月的预推免。

可能有同学不知道这二者该选哪个好，我的建议是有明确的保研意向（特别是以 985 高校为目标），但绩点排名不是专业前 3%~5% 的同学，请尽可能参加暑期夏令营去拿优秀营员资格。主要原因有两个: ①夏令营申报对 GPA、本科院校的要求相对预推免较为宽松，考核形式多样且综合，优营资格还是相对比较好拿的；②另外部分如同济大学、上海交通大学等 985 院校，招生名额少，有时夏令营录满了推免名额的话，便不会再举办 9 月的预推免。

所以，各位在确定好心仪的保研学校后，一定要提前打听好该校的招生计划，可以多关注下该校官网通知、考研 / 保研相关公众号或者询问在该校读研的学长学姐。

五、江大本校考研同学辛酸泪

杨学姐，本科学校：江南大学，考研院校：江南大学，报考专业：交互与体验设计，本科专业：整合创新设计，考研准备时长：6个月，初试总分：388，政治：80，英语：61，专业理论：117，专业手绘：130。

大家好，我是一名刚考上江南大学交互与体验设计专业的学姐，很幸运可以一战上岸。本科我就读于江南大学，惭愧地说，在本科的三四年里，我并没有为提高自己的绩点而付出足够多的努力，所以并没有能争取到保研资格。但我深知自己需要学习更多的专业知识，所以还是决定要考研。在我下定决心要考研的时候，距离初试已经只剩下半年的时间，相比于提前一年甚至更早就开始做准备的同学来说，我的起步算是比较晚的了。在这种情况下，如何扬长避短地在考试中获得更多的分数是我重点要解决的问题。接下来我将会围绕考研过程中遇到的一些问题和我所采取的解决方式来与大家分享。

关于择校

主要针对报考江南大学的同学以及我选择江南大学的原因。

1. 学校本身优势

江南大学虽然不是985院校，但是其设计专业在业界内的口碑是十分不错的，被称为“小清华”。地处无锡，离上海杭州南京等地较近，经济比较发达。教学资源以及各种评价大家都可以在网络上查询到，在这里我就不多说了。我本科本身就读于江南大学，对江南大学的教学方式、教学资源、生活节奏都已经适应了。如果想在设计方面有所收获，研究生三年在江南大学度过是个不错的选择。

2. 江南大学的初试给分偏高

江南大学今年艺术设计1-6的初试分数线是383分，虽然在众多设计院校中383分算是一个比较高的分数，但是在分数线高的同时，平均给分也会比较高。所以就算没有过第一志愿的分数线，在选择调剂的时候也会有分数优势。

3. 自我能力判断

在决定考研院校的时候，需要对目标院校的上岸难易程度，与自身的能力和预计付出精力之间进行衡量与判断。江南大学的设计专业在国内排名中上，因此竞争较为激烈，对比于清华、同济等设计专业较强的 985 院校，江南大学的上岸难度较小；但对比于一些普通院校，江大的上岸难度较大。因此，可以对自己的能力做一个大概的评估，以及判断自己是否可以接受二战甚至三战，再进行目标院校的选择。当然，考研是一个可以通过努力就能提高成绩的备战过程，勤能补拙，努力就会有奇迹。

关于手绘的学习

江南大学的设计专业考试分为手绘与理论，手绘是 3 小时 A2 大小的快题设计；理论是 3 小时的理论考试，包括简答题、阅读题和论述题。考生分为两类，一类是手绘基础较差的，另一类是手绘基础较好的。对于手绘基础较差的考生来说，选择一个靠谱的考研培训机构来进行系统的手绘学习是十分有必要的。对于手绘基础较好的考生，需要了解的是快题的绘画要求与考场中的应考策略，所以也可以选择一个考研培训机构了解与考试相关的快题技巧，在复习的过程中可以事半功倍。

作为一个艺术生，我有一定的手绘基础，但是对于马克笔的使用不够熟练，所以当时报名了工设全程班。暑假第一期手绘基础班的授课学姐，人美心善，认真负责，画得也好，给了我许多手绘快题的基础指导，包括马克笔的使用、产品的绘画表达、快题的排版以及很多快题的绘画思路，可以说是带着我走上了快题学习的正道。开学之后的国庆班以及考前班的授课老师主要注重于训练快题的设计思路和掌握应试技巧，而且是本科、研究生都是本校本专业的直系学姐，给我们分享了很多考试经验，更有针对性，很到位。辛苦学姐们的指导！

除了在机构里的集训，自己平时的手绘练习也同样重要。在半年中，我的考研手绘的学习分为三个阶段：

第一阶段是 7 月和 8 月。对于一战的考生，暑假没有学校的作业和任务，是考研前可以全身心投入考研备战的时间段。这段时间是进行手绘集中训练的好时机。多画、多看、多思考，打好手绘基础，确定自己的一套快题绘画方法，培养手感，以及找到自己擅长的配色、快题设计思考方式以及绘画风格。在这个阶段需要多画、多看别人的优秀作品，以及多收集可借鉴的产品造型。推荐网站：Pinterest、普象网、各种工业设计微信公众号，以及淘宝。

第二阶段是 9 月和 10 月。这个阶段除了考研复习之外，还需要完成学校的课程作业以及毕设相关工作，所以时间相对琐碎。在这两个月手绘的练习不能停下，我当时选择进行产品单体的塑造训练，尽量把不同类型的产品都画一遍，多积累素材，做到对什么产品都有其整体造型的基本印象。只有了解了产品的基本结构，才能在这个基础上进行自己的设计与创新。同时可以参考往年院校的真题，进行快题的设计训练，许多题目都是可以进行参考与借鉴的，了解目标院校的出题思路是很有必要的。

第三阶段是 11 月和 12 月。这是最后的冲刺阶段，无论学校的课程或者毕设有多忙，也请把 90% 以上的心思放在备考上，这是最最关键的两个月，完全可以做到弯道超车。这两个月的重点在于提高熟练度与速度，以及探索出几套属于自己的快题思路和模板。前面几个月的练习面要广，最后是进行收网的阶段。在这个阶段，我们应该已经了解了自己的长处与短处，所以在快题呈现的时候需要扬长避短。之前积累的产品造型需要进行巩固，以及针对不同的题目需要对产品进行基础造型上的发散。还有一个非常关键的训练，就是绘画速度的提高。江南大学的考试需要我们在 3 个小时内完成 A2 大小的快题设计，在没有经过系统快题训练的情况下，3 个小时完成是非常非常困难的（我的第一张快题整整花费了我一整天的时间）。在考场上无论你的想法有多么好，如果没有画完，那必定被评判为低分卷。因此在 12 月份，我主要把精力放在提速上。在这个阶段需要多画多总结，第一是“唯手熟尔”，第二是要找到属于自己的绘画方式，把多余的步骤抛弃，能一步到位就一步到位。经过了以上的快题练习，在最终的考场上，我算是正常发挥，也拿到了一个不上不下的正常分数。这个结果也得益于绘江南最后四套卷的押题 ~ 对于手绘练习，我的学习重点可以总结为：多练、多看、多思考。这是一个既要动手又要动脑的过程。

关于理论课复习

江南大学的理论科目是 3 小时的理论考试，包括简答题、阅读题和论述题。理论分为史论与概论，与其他专业的理论课一样，理论学习的重点在于理解与背诵。史论的学习方式可以类比于其他历史科目的学习，因此需要先自行整理时间线；概论的学习方式类似于政治的学习，因此我选择按课题进行复习。在史论的学习中，自己进行复习资料的整理是十分有必要的。首先先通读考试参考书目，对书中的重难点有大概的印象，与此同时，我选择使用思维导图软件进行知识点的整理（推荐使用 X-Mind 或幕布），把书中一整篇晦涩难懂的文字整理成一个一个的知识点，既可以帮助自己进行思维的梳理，也可以方便自己后面的复习。

除了参考考试书目的复习，我们还需要进行设计案例的积累，因为后期答题需要通过列举设计案例来诠释自己的观点。设计案例的收集可以通过与设计相关的公众号、一些设计书中获取，我准备的部分案例也是在考研机构的理论课上收集到的。当然，最好收集到一些不太大众却能很好阐明观点的案例。

后期的背诵我是从 11 月份开始的，第一轮的背诵力求过一遍，把观点记清楚，对内容有七成的印象。12 月进行第二轮和第三轮的背诵，我根据记忆曲线来制定背诵计划，通过复习的计划表来进行复习。

关于文化课的复习

文化课包括政治和英语，我给自己定的目标是政治和英语的总分加起来达到 140 分。文化课 140 分，手绘 130 分，理论 120 分，是我对于自己各科水平做的一个目标计划，也可以达到江南大学历年的分数线。那 140 分要如何分配给政治和英语呢，理论上来说每科 70 分是最合理的，但是我考研准备的时间较短，而且英语基础并不太好，高中的时候作为文科生有一点政治的知识基础，而政治是一门可以在短时间内出成绩的科目，因此我选择了把复习的重心稍微偏向政治。政治的复习我本人是跟着徐涛老师进行各阶段的复习的，推荐徐涛和陆寓丰，选择其中一位老师全程跟着学习就可以了。暑假的时候跟着 1.5 倍速的网课把《考研政治核心考案》过了一遍，9 月 10 月主要是刷题，我刷的是徐涛的优题库，有很多同学刷的是肖秀荣的 1000 题，其实选一套题来进行知识的巩固就可以了。11 月跟着徐涛老师的强化班进行了重难点的复习和巩固，这个时候其实已经知道了本年的热点事件，也清楚了本年的重点章节，同时也要保持刷题。12 月是政治复习最最重要的阶段，我选择跟着陆寓丰和徐涛的微信公众号进行章节的复习，根据记忆曲线进行背诵。除了背诵，做押题卷也十分重要，我当时做了徐涛的 8 套卷、陆寓丰的 4 套卷、“肖四”“肖八”。押题卷需要反复刷，要把卷子里的每一道题弄清楚。我当时大题背的是徐涛的“小黄书”，同时也选择背诵了“肖四”中“小黄书”里没有的内容。我对于自己英语的复习，说实话是不太满意的，因为我分配给英语的时间实在是太少了。对于英语基础较差的同学，单词量是重中之重，我是在每天吃饭的时候以及睡前来记单词（背单词真的挺催眠的，亲测有效），我用的是墨墨背单词 APP 来辅助进行单词的记忆。还有做真题是十分有用的，通过刷真题来保持手感是很多人都推荐的方法（但我到考试前也没有把近十年的英语一、英语二的真题刷完，学弟、学妹们千万不要像我一样，教训很惨痛）。英语作文我是选择背模板，我参考了许多英语模板，把这些模板的优点进行了融合，形成了自己的一套模板。当然背不背模板是有争议的，如果分配给英语复习的时间少，基础较差的，可以选择背；但是英语基础较好，而且复习时间充分的同学可以选择不背。

最后，我想分享给学弟、学妹们的是，考研的复习就像是一场战役，从头到尾需要不断地根据自己的实际情况调整战略，一味的努力也许比不上使用正确方法的轻松学习。在中间可能会对似乎看上去没什么进步的自己感到沮丧，但考研是场持久战，战略相持阶段是最漫长，也最重要的一段时间，撑过去了就能到达战略反攻阶段。还有要经受住诱惑，你的身边可能会有保研成功的同学、已经拿到出国 OFFER 的室友或者是找到工作的朋友，他们的大四生活可能会十分精彩，但是请谨记你自己的目标，拿出备战高考时候的状态。当然，连续半年甚至更久的埋头苦干、求知若渴确实十分难坚持，那就时不时地奖励一下自己，当你达成一项小目标，可以去吃一顿大餐或者看一部电影，来稍微调解一下紧张的状态，松弛有度的学习状态才能更好地吸收知识。当然，选对机构非常重要，帮助你少走弯路，一路向前！

最后，很感谢在考研过程中给过我帮助的同学、学长学姐，以及绘江南的老师们。祝学弟、学妹们都能一战成硕，轻松上岸！

六、上海理工大学工业设计三战的心路历程

这可能是一篇与众不同的考研经验，希望看到后的每一位考生在考研的路上无论经历多少挫折都依然能对未来充满信心，我是一位三战考生，前两次报考的是同济大学的工业设计，两次失败的惨痛经历让我知道了理想与现实的差距，但去上海读书一直是我的梦想，所以三战果断保守选择了上海理工大学，很幸运最终也成功上岸到上海理工大学的产品设计专业，去了理想的城市与学校。我从小学到高中学习都很一般，我真正的认真学习是从高三开始的，高考也算是比较幸运，所以很幸运地考了一个普通二本。我因为基础比较弱，所以笨鸟先飞，在大二开始准备考研，最早准备的是英语，我下面一项一项地分享，当然每个人情况不同，关键是要找到自己的学习方法，不要盲目地复制，当然如果我的一些经验能够带给你一些帮助，那就太好不过了。

英语：一战英语 29 分，二战英语 62 分，三战英语 55 分

我一战英语输在时间分配上，英语考试最重要的是把控时间，尤其是对于一战考生，高压紧张的考试过程很容易让你在某一处过度浪费时间，之后导致心慌错乱甚至抓狂，所以一定要严格地训练做题时间。我的英语非常差，几乎可以说是毫无基础，大二最先复习的是英语。也许你会觉得不可思议，我当时是从元音辅音开始学的，因为一点积累都没有，最初每天就是背单词，大概一天 50 个吧，背错的或不会的一个一个抄在本上，第二天接着背，那可能是最痛苦、最难熬的日子了，大三的时候报了一个班，感觉其实没什么用。首先，大家的基础不同，除非一对一那种，否则其实难以同步学习，其次，周末的课程是一整天，其实挺疲惫的，学习效率特别低，之后我都是自学的。我当时看的是大笨象的考研英语 100 篇，我严格按照他的说明去做，当把单词差不多过了一遍有一些积累后，开始做阅读，只看文章不做题，然后把不会的单词圈出来抄在本上（背单词手可不能懒，多抄几遍有大大的帮助），第二天再看再背。这种结合文章背单词的方法我个人非常推荐，会让单词记得特别清楚。我现在书柜里还放着整整两大本背过的单词，单词从你准备考研的那一刻到上考场的前一天晚上都是要背的，不能有一丝松懈。单词差不多之后我买了晓艳老师的网课，晓艳老师人很好，讲的做题方法也特别好，还经常会讲一些励志的小故事，在考研期间给了我很

多鼓励。英语最重要的是阅读和新题型，英语二的翻译也不能放过，作文是有模板框架的，准备好后虽然不会得到很高的分，至少能够保证不拖后腿。完型填空我一般都只留 5 分钟时间，因为题量分值低，所以把时间都给了别的题，最后完型能得几分是几分。到临考前几个月做题方法应该掌握得差不多了，此时一定要着重把握做题时间，进行模拟考试。单词的话我最后一个月反复查看，有一个小技巧就是如果烂熟于心的单词就在后边拿红笔打个勾，就不再看了，半熟的就用蓝笔画个圈，区分对待。当然，每个人有自己的学习方法，找到自己的方法才是最重要的，英语虽然难，但就我亲身经历而言我可以负责地告诉大家，只要你真的想学并且不偷懒，基础弱也能考得不错。

政治：一战政治 62 分，二战政治 80 分，三战政治 66 分

我政治一战也是上的线下课，同样感觉没什么用，当然也有人说好，也许是这种被动学习不太适合我吧，反正找到自己的学习方法是最重要的。政治最重要的是选择题，一战看的是肖秀荣的书，一页页地把知识点都过一遍。马克思主义基本原理可能最难学，需要有独立的思考能力和思维逻辑能力。一战大题是补习班老师给的押题模板，好多好多页，根本背不下来，所以最后成绩也就那么回事。二战买了考研政治双姐的课，其实我觉得政治上网课最好，也是整个考研最轻松的一门，你只需要跟着网课去走就行，什么时候有时间就什么时候看，不懂的停下来或者退回去还能再看一遍。我当时学习累了就看政治课，甚至有时候看政治课上瘾，有时候一看就是半夜两三点。然后大题就背双姐的押题就行，押得很准，而且不用背很多，轻松简单，二战政治选择题 40 多分，所以二战还不错。至于三战我觉得答得还行，选择题对完答案也有 40 分以上，自己预估分数有 75 分以上，最后 66 分。

设计史论：110 分

史论方面我们学校要求看两本书，以王受之的《世界现代设计史》为主，复习史论和复习政治有一点比较像的是都要在脑中搭建一条清晰的思维脉络，这样复习起来才不会混乱。因为人物、时间、地点、作品以及倡导的思想等内容很繁杂，如果盲目学习，不注意梳理，很容易一团麻。我复习的流程是先大概梳理好时间线，什么时间、什么人物、什么运动、什么作品，梳理到能够以聊天的方式轻松地说出每个设计运动的开始原因，都有哪些主要人物，他们的思想是什么，在考前一个半月开始背。我个人认为考研虽然有方法与技巧可寻，但一定是要花些工夫的，所以我就选择了最笨的办法——背，一个个地背，把书中的知识点先码在 Word 上，然后打印出来，一条一条背。在考研前一个月再以人物线梳理一遍，前 20 天再以作品线梳理一遍，来回来去地背，形成网格化记忆，不容易串。哦对！我当时是把所有关键人物的全名以及英文名都背了，我认为考研最重要的是态度，要体现出认真的态度，所以虽然任务量繁巨，但我还是毅然决定背了，然后在考前做了几套押题卷，这样就差不多了。

快题：122 分

快题是比较注重思维和表现的，当然手绘的功底也必不可少，这样可以节省一部分时间，快题复习只有多看多练，画多了自然有神。

复试

我们学校是线上复试的，需要准备作品集，而且作品集很重要，英语能力也是每个学校都要考察的，所以一定要提前认真准备。线上复试根据学校的要求做就行，没有那么复杂，个人建议可以去买一个比较好的摄像头，不然光线会不太好。另外，选对一个辅导机构很重要，复试的时候，我跟着老师一步一步准备了自己的作品，参与到作品集里面的每一个步骤，并且老师带我们每一个项目都进行汇报演练，这让我在最后的面试中没有那么紧张。复试前的模拟面试给了我很大的帮助，把作品集又审核了一遍，也按照考试要求模拟了一次面试的过程和问题演练，让我注意到了很多细节。最后，皇天不负有心人，成功上榜！

总结一下：我是一个比较乐观的人，虽然前两次备考同济确实是一个很高的目标，也许不报那么高，去年就“上岸”了，但是如果一开始我没有选择这个高目标，我准备的动力也许也就没有那么充足。所以我也不抱怨，要相信一切都是最好的安排，我之后二战、三战都是 10 月开始准备的，我觉得准备太早，战线拉太长容易疲惫，所以我每次都是刻苦战斗 3 个月。失败不可怕，如果失败了，不要灰心，不要否定自己，做一些别的事情分散一下注意力，等到下次机会来临的时候，什么都不想，什么都不顾，全力以赴，相信只要你敢想敢追，你的名字终究会出现在你心仪学校的录取名单中，加油！